Chakresh Kumar
Ghanendra Kumar

Noções básicas de comunicação por fibra ótica

Chakresh Kumar
Ghanendra Kumar

Noções básicas de comunicação por fibra ótica

ScienciaScripts

Imprint
Any brand names and product names mentioned in this book are subject to trademark, brand or patent protection and are trademarks or registered trademarks of their respective holders. The use of brand names, product names, common names, trade names, product descriptions etc. even without a particular marking in this work is in no way to be construed to mean that such names may be regarded as unrestricted in respect of trademark and brand protection legislation and could thus be used by anyone.

Cover image: www.ingimage.com

This book is a translation from the original published under ISBN 978-620-8-11839-6.

Publisher:
Sciencia Scripts
is a trademark of
Dodo Books Indian Ocean Ltd. and OmniScriptum S.R.L publishing group

120 High Road, East Finchley, London, N2 9ED, United Kingdom
Str. Armeneasca 28/1, office 1, Chisinau MD-2012, Republic of Moldova, Europe
Printed at: see last page
ISBN: 978-620-8-20035-0

Índice de conteúdo

Resumo

Esta dissertação propõe o estudo das não-linearidades, da dispersão e do seu impacto em sinais de alta velocidade de transmissão de dados na rede de comunicações ópticas que estabelece a ligação entre o emissor e o recetor. Existem diferentes tipos de não-linearidades na comunicação ótica. São elas a modulação de fase própria (SPM), a modulação de fase cruzada (XPM), a mistura de quatro ondas (FWM), etc. Foi também proposto um sistema para reduzir o efeito da mistura de quatro ondas. Trata-se de uma conceção melhorada do sistema de mistura de quatro ondas. Todas estas não-linearidades são estudadas e o seu impacto é testado em sinais ópticos de alta velocidade de transmissão de dados. A dispersão afecta os dados da comunicação ótica. A técnica é utilizada para reduzir o efeito de dispersão. A fibra de compensação da dispersão (DCF) é utilizada no sistema de comunicação ótica. Um sistema de comunicação é implementado no Optisystem e é simulado para estudar o impacto. Os gráficos são obtidos a partir de diferentes visualizadores. Os dados são estudados e o resultado mostra como é que as não-linearidades e a dispersão perturbam uma comunicação ótica entre o emissor e o recetor. Tudo isto é feito para analisar o desempenho do sistema, de modo a poder fornecer mais aspectos de investigação. Os resultados dão uma ideia para tornar mais forte a rede de comunicação ótica existente.

Capítulo 1
Introdução

1.1 Antecedentes

Uma ligação entre um emissor e um recetor para troca de qualquer tipo de dados é um tipo de comunicação. Atualmente, existem diferentes tipos de comunicação no mundo. Podemos constatar a existência de diferentes tipos de comunicação à nossa volta no nosso quotidiano. A comunicação ótica é um tipo de comunicação comum atualmente. Desde o início da raça humana, existiam diferentes tipos de comunicação. Com o passar do tempo, a técnica de comunicação entre as pessoas foi-se tornando cada vez mais avançada. Começaram a surgir novas técnicas na vida das pessoas. Todos os dias surgem novas tecnologias no mercado.

Uma delas é a comunicação ótica. A comunicação ótica é um tipo de comunicação em que os dados são enviados sob a forma de luz através de uma fibra ótica entre o emissor e o recetor. O meio de transmissão na comunicação ótica é a fibra ótica. A fibra ótica é muito importante para uma comunicação ótica entre o emissor e o recetor para a troca de dados entre eles.

A fibra ótica foi uma grande descoberta na forma de trocar dados entre o emissor e o recetor através de uma ligação de comunicação. Descobriu-se que a fibra ótica pode transmitir os sinais de dados a uma velocidade muito elevada. Foram realizadas muitas experiências para compreender o funcionamento da fibra ótica e, no final, o resultado das experiências revelou-se uma grande descoberta.

A fibra ótica é uma fibra transparente e flexível. A fibra ótica é muito leve. A fibra ótica é feita de vidro ou sílica. A fibra ótica é muito fina em termos de diâmetro. A fibra ótica é ligeiramente mais espessa do que um cabelo humano. A fibra ótica não se parte com muita facilidade. A fibra ótica também pode ser fabricada em plástico, pelo que é muito barata em comparação com outros meios de transmissão. A fibra ótica tem um diâmetro de 0,25 mm a 0,5 mm. A fibra ótica actua como um guia de ondas para que o sinal de dados viaje no seu interior. As fibras de plástico são feitas de polimetilmetacrilato, poliestireno e policarbonato. As fibras ópticas de plástico são mais baratas e mais flexíveis do que as fibras ópticas de vidro ou de sílica.

A fibra ótica tem diferentes tipos de parâmetros. A fibra ótica é um guia de ondas de natureza dieléctrica e de forma cilíndrica. Os dados viajam com a luz que os transmite ao longo do eixo no processo que se designa por reflexão interna total. A fibra ótica funciona com base no conceito de reflexão interna total (TIR). Neste fenómeno, o ângulo de incidência é superior ao ângulo crítico. A estrutura da fibra ótica tem três partes principais: o núcleo, o revestimento e o revestimento de proteção. O núcleo encontra-se no eixo e é constituído por material dielétrico. O material dielétrico não conduz eletricidade.

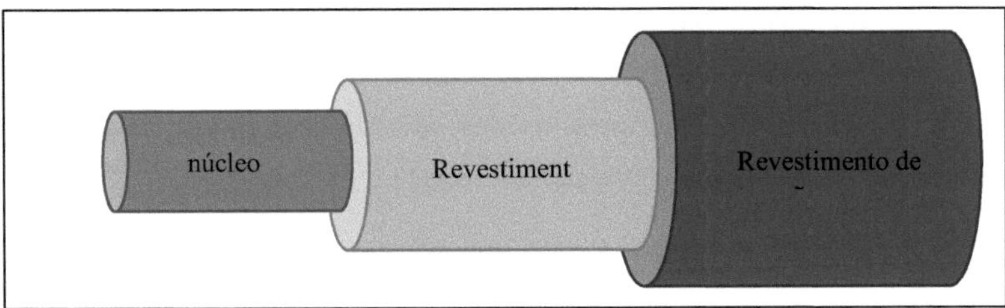

Figura 1.1 Estrutura da fibra ótica

A parte central é a parte principal na qual a luz viaja com os dados. O núcleo tem uma cobertura chamada revestimento que impede a saída da luz do núcleo. O revestimento é também constituído por material dielétrico. O material dielétrico não conduz eletricidade. O revestimento reduz o efeito da dispersão. O revestimento protege o núcleo de absorver os contaminantes da superfície. O revestimento dá um suporte mecânico ao núcleo. O revestimento também tem uma cobertura chamada revestimento tampão.

O revestimento tampão proporciona uma camada protetora que cobre a fibra ótica. Protege a fibra ótica do ambiente exterior. O revestimento tampão evita a abrasão do núcleo e do revestimento devido à natureza elástica do revestimento tampão. O buffer protege a fibra ótica das microcurvas que podem levar a perdas por dispersão.

A fibra ótica mais utilizada nas comunicações ópticas tem um diâmetro de 0,25 mm a 0,5 mm, o que inclui o núcleo e o revestimento. A parte exterior da fibra ótica, que é o revestimento, tem normalmente 125 microns de diâmetro. O tamanho da fibra ótica é ligeiramente mais espesso do que um cabelo humano.

Sempre que a fibra ótica é utilizada numa comunicação ótica que tem lugar entre o emissor e o recetor para trocar dados entre eles. Também é utilizada uma fonte ótica para transmitir os dados do emissor para o recetor, que transporta a informação do emissor sob a forma de luz para transmitir a informação ao recetor. As fontes ópticas utilizadas são o laser (amplificação da luz por emissão estimulada de radiação) e o LED (díodo emissor de luz). Quando estas fontes ópticas têm a sua potência num intervalo pequeno enquanto viajam através da fibra ótica. É possível tratar a fibra ótica como um meio linear.

Mas quando a potência da fibra ótica é elevada para transmitir os dados entre o emissor e o recetor. Os efeitos não lineares devem ser considerados na fibra ótica Existem dois tipos diferentes de efeitos não lineares:

- Índice de refração relacionado
- Relacionado com a dispersão

Quando sinais de vários comprimentos de onda interagem em sistemas WDM de múltiplos canais, podem surgir efeitos não lineares. A tabela seguinte mostra todos os efeitos não lineares numa comunicação por fibra ótica que tem lugar entre o emissor e o recetor para troca de dados.

Tabela 1.1 Efeitos não lineares na fibra ótica

Categoria	**Canal único**	**Multicanal**
Índice de refração relacionado	Modulação de fase própria (SPM)	Modulação de fase cruzada (XPM) Mistura de quatro ondas (FWM)
Relacionado com a dispersão	Dispersão de Brillouin estimulada (SBS)	Dispersão Raman estimulada (SRS)

1.2 Motivação da investigação

A comunicação por fibra ótica que ocorre entre o emissor e o recetor para trocar dados entre eles nem sempre é perfeita ou ideal. Há sempre um ou outro problema na ligação de comunicação entre o emissor e o recetor para trocar os dados que pretendem comunicar. Alguns dos problemas são a não linearidade e a dispersão. Quando os dados são transmitidos e recebidos do emissor para o recetor, há perturbações na ligação de comunicação entre o emissor e o recetor.

Para compreender o conceito de não linearidade e de dispersão, é efectuada esta investigação. As não linearidades na fibra ótica corrompem o sinal de dados, o que faz com que os sinais na fibra ótica sejam perturbados e a comunicação entre o emissor e o recetor não seja boa.

As fontes ópticas utilizadas para a transmissão de dados são designadas por laser e LED (dispositivos emissores de luz). Os lasers que são utilizados como fontes ópticas geram luz de intensidade ótica muito elevada. A elevada intensidade ótica dá origem a efeitos de não linearidade na comunicação por fibra ótica entre o emissor e o recetor.

Em alguns tipos de materiais cristalinos, ocorrem não linearidades que são paramétricas e estas não linearidades paramétricas dão origem a novos efeitos, como a amplificação paramétrica (conversão não linear de frequências), a duplicação de frequências e a geração de frequências de soma e diferença.

O índice de refração da fibra ótica aumenta num determinado valor, que é diretamente proporcional à intensidade da luz. [1] O aumento do índice de refração da fibra ótica deve-se ao efeito Kerr. O efeito Kerr conduz a outros efeitos na comunicação ótica, como a modulação de fase própria, a mistura de quatro ondas, a auto-focalização e a modulação de fase cruzada.

Quando a luz da fonte ótica interage com os fonões ópticos, ocorre a dispersão Raman espontânea e simulada. Quando a luz da fonte ótica interage com os fonões acústicos, ocorre a dispersão espontânea e simulada de Brillouin. A dispersão de Brillouin simulada também envolve as ondas de propagação contrária.

Quando a luz viaja através do núcleo da fibra ótica, dois fotões são absorvidos simultaneamente, o que leva à excitação de uma nova energia de um único fotão que não seria capaz de atingir o nível de energia dos fotões absorvidos. Este processo é designado por absorção de dois fotões.

O sistema de comunicação por fibra ótica pode ser tratado como um sistema médio linear quando a potência é pequena, porque então não há efeito não linear, mas quando a potência da fonte ótica é elevada, surge o efeito das não linearidades que têm de ser consideradas ao efetuar a comunicação ótica entre o emissor e o recetor enquanto trocam os dados que pretendem.

A modulação em fase própria (SPM) é um dos efeitos de não linearidade devidos ao efeito Kerr. Os efeitos de modulação de fase própria ocorrem na comunicação ótica de canal único entre o emissor e o recetor enquanto estes trocam os dados que pretendem. [2] Quando o espetro do sinal se alarga gradualmente devido a uma alteração instantânea da intensidade da luz da fonte ótica, ocorre a modulação de fase da luz, a que se chama modulação em fase própria.

O efeito Kerr na comunicação ótica provoca uma mudança de fase que depende do tempo e que está de acordo com a intensidade do impulso que também depende do tempo. Tudo isto ocorre quando o impulso ótico está a viajar através do meio ótico. Desta forma, o impulso ótico adquire um chirp que inicialmente não é chirpado, ou seja, uma variação da frequência instantânea durante um pequeno período de tempo que é temporário

O espetro ótico é alterado em resultado da mudança de fase dependente do tempo induzida pela SPM. A SPM provoca o alargamento do espetro (um aumento da largura de banda ótica) se o impulso não for quirado ou for quirado para cima no início, mas pode provocar a compressão do espetro se o impulso for quirado para baixo no início (assumindo sempre um índice não linear positivo). [3] O aspeto oscilatório deriva do facto de a frequência instantânea sofrer excursões significativas, resultando em entradas para o integral de Fourier para uma frequência de entrada particular a partir de dois momentos distintos. Estas entradas podem acumular-se positivamente ou apagar-se mutuamente, dependendo da frequência específica.

O SPM pode ser o principal impacto sobre uma onda ultracurta na fibra ótica se a energia máxima for aumentada (levando a um SPM elevado) e a dispersão cromática for baixa, resultando numa duração de impulso quase uniforme.

Os efeitos de modulação de fase cruzada (XPM) ocorrem no canal múltiplo da comunicação ótica entre o emissor e o recetor enquanto estes trocam os dados que pretendem. Quando um comprimento de onda da luz de uma fonte ótica afecta a fase de outro comprimento de onda da luz através de um efeito ótico denominado efeito Kerr. Este tipo de efeito não linear é designado por modulação de fase cruzada.

A modulação de fase cruzada criou uma interação entre o impulso laser ótico num determinado meio de fibra ótica. Graças a este fenómeno, o utilizador pode medir a intensidade ótica de um determinado impulso de luz ótica observando apenas a mudança de fase de outro impulso de luz ótica, sem absorver qualquer tipo de fotão do feixe de luz ótica anterior. Tudo isto constitui o princípio de funcionamento das medições de não-demolição quântica (QND).

Quando os dois ou mais impulsos de luz ótica se sobrepõem um ao outro enquanto experimentam a modulação de fase cruzada, isso deve-se à sincronização de dois lasers bloqueados por modo utilizando o mesmo meio de ganho de laser de luz ótica.

A modulação de fase cruzada no sistema de comunicação por fibra ótica, em que o emissor e o recetor trocam os dados que pretendem, pode afetar o meio de fibra ótica com a conversação cruzada no canal.

Por algumas razões, a modulação de fase cruzada é também descrita como o mecanismo de translação de canal (conversão do comprimento de onda ótico). Mas, no contexto do mecanismo de translação de canais (conversão do comprimento de onda ótico), não se trata da modulação de fase cruzada, que não está relacionada com o efeito Kerr ótico responsável pelo efeito não linear na ligação do sistema de comunicação ótica entre o emissor e o recetor, onde trocam os dados que pretendem. Baseia-se antes nas alterações do índice de refração da fibra ótica por densidade da portadora no amplificador ótico semicondutor (SOA).

A mistura de quatro ondas é um fenómeno de intermodulação na comunicação por fibra ótica não linear entre o emissor e o recetor enquanto trocam os dados que pretendem. Quando o utilizador transmite três ou mais comprimentos de onda da luz da fonte ótica, ocorre uma interação entre eles que leva à produção de mais dois comprimentos de onda da luz da fonte ótica [4]. [4] Estes novos comprimentos de onda da luz ótica são indesejáveis para o utilizador e também corrompem os dados que estão a ser transferidos entre o emissor e o recetor através de uma ligação de comunicação ótica.

O efeito não-linear, como a mistura de quatro ondas, é obtido a partir de uma não-linearidade de comunicação de fibra ótica de ordem 3rd . É também assinalado com o coeficiente $\chi^{(3)}$. O efeito de mistura de quatro ondas pode ocorrer num meio não linear como uma fibra ótica se, no mínimo, duas componentes de frequência distintas viajarem em simultâneo.

O efeito da mistura de quatro ondas é, de certo modo, o mesmo nos sistemas eléctricos até ao ponto de interceção de terceira ordem. O efeito da distorção de intermodulação de um determinado sistema elétrico pode ser equiparado ao efeito da mistura de quatro ondas na comunicação por fibra ótica entre o emissor e o recetor enquanto trocam os dados que pretendem. Ambos os efeitos podem ser comparados entre si. A intensidade dos fotões que chegam é preservada neste processo não linear parametrizado. A FWM é uma operação sensível à fase, o que significa que as circunstâncias de correspondência de fase têm um impacto significativo na eficácia do processo.

A palavra dispersão na comunicação ótica descreve o problema da luz laser quando esta se dispersa no núcleo da fibra ótica. [12] A luz laser, quando entra na fibra ótica, é reflectida no interior da fibra e chega à extremidade da fibra ótica. Mas, por vezes, a luz reflectida embate em algumas partículas presentes no núcleo da fibra ótica sob a forma de defeito. Estes defeitos formam-se na fibra ótica quando esta é fabricada. Existem algumas inomogeneidades estruturais na fibra ótica devido às quais surgem estes defeitos. Por vezes, o termo absorção e dispersão da luz na fibra ótica é entendido da mesma forma, mas não é o mesmo. Na absorção, a luz é absorvida e nunca é reflectida, mas na dispersão a luz não é absorvida e, em vez disso, a luz é reflectida, o que cria um caminho incorreto para a luz e os dados são danificados

A dispersão é um problema na comunicação ótica entre o emissor e o recetor enquanto trocam os dados que pretendem. Os dados que são transferidos sob a forma de luz na fibra ótica. São sob a forma de impulsos de luz. Este impulso de luz espalha-se no tempo à medida que o impulso de luz viaja através da fibra ótica.

A dispersão obstrui a comunicação entre o emissor e o recetor [18]. [18] Basicamente, a dispersão é o espalhamento do impulso de luz na fibra ótica. Isto afecta a qualidade do sinal utilizado para a transmissão na fibra ótica. Os dados enviados pelo utilizador ficam danificados. A dispersão é principalmente de três tipos: dispersão de guia de onda, dispersão modal e dispersão de material.

Na dispersão de guia de onda, a luz viaja na fibra com uma velocidade diferente. A dispersão de guia de onda ocorre basicamente na fibra ótica monomodo. Aqui, quando a luz laser entra na fibra ótica, ela percorre toda a fibra ótica. A fibra ótica tem duas partes: núcleo e revestimento. A luz viaja em ambas com velocidades diferentes, devido aos seus diferentes índices de refração e aos diferentes materiais de que são feitas. Pode dizer-se que a dispersão da guia de onda ocorre devido à estrutura interna da fibra ótica que é utilizada para a transmissão de dados entre o emissor e o recetor.

Na dispersão modal, a luz laser entra na fibra ótica ao mesmo tempo, mas sai em posições temporais diferentes, o que causa dispersão na fibra ótica. [O raio de luz que entra diretamente no núcleo da fibra ótica chega à outra extremidade antes dos outros raios, porque passa pela reflexão mínima na fibra ótica. Por outro lado, o raio de luz que entra na fibra ótica num determinado ângulo sofre reflexão múltipla, chegando assim tarde à outra extremidade onde se encontra o recetor para receber os dados.

Na dispersão de material, a luz que entra na fibra ótica tem um comprimento de onda diferente. Um comprimento de onda diferente significa uma velocidade diferente do raio de luz na fibra ótica. A luz branca que entra no prisma contém todas as cores mas, depois de ser refractada pelo prisma, a velocidade da luz altera-se. A cor vermelha é a que se desvia menos e tem maior velocidade e a cor violeta é a que se desvia mais e tem menor velocidade. Este tipo de fenómeno de dispersão material deve-se às propriedades do material da fibra ótica utilizada na ligação de comunicação entre o emissor e o recetor.

Existem diferentes tipos de técnicas de compensação de dispersão. Dois deles são: Fibra de compensação de dispersão (DCF) e Fibra de Bragg (FBG). A fibra de compensação de dispersão é um tipo de fibra ótica que tem um coeficiente de dispersão largamente negativo. Ao ter um coeficiente de dispersão negativo, compensa o valor positivo da dispersão da fibra ótica que é utilizada na ligação de comunicação. O comprimento da fibra de compensação da dispersão depende do coeficiente de dispersão; quanto maior for o valor negativo do coeficiente de dispersão, menor será o comprimento da fibra de compensação da dispersão.

Existem três esquemas para instalar a fibra de compensação da dispersão na ligação de comunicação ótica entre o emissor e o recetor. São eles a pré-compensação, a pós-compensação e a compensação simétrica.

1.3 Organização da dissertação

Esta dissertação está organizada em cinco capítulos. O primeiro capítulo é dedicado à introdução. Apresenta uma visão geral da dissertação. Fornece a motivação da investigação para esta dissertação, explicando por que razão esta investigação é feita e o que é feito de forma resumida. O capítulo 1 apresenta uma visão global.

O capítulo 2 trata da auto-modulação de fase (SPM). Um efeito de não-linearidade na comunicação por fibra ótica entre o emissor e o recetor. Este capítulo apresenta uma introdução pormenorizada à modulação de fase automática. Apresenta também a conceção do layout do software optisystem. A simulação do projeto é também apresentada juntamente com os resultados, que incluem as leituras e gráficos como o diagrama de olho. A discussão do resultado obtido também é feita no capítulo.

O capítulo 3 trata da modulação de fase cruzada (XPM). Um efeito de não-linearidade na comunicação por fibra ótica entre o emissor e o recetor. Este capítulo fornece uma introdução pormenorizada à modulação de fase cruzada. Apresenta também a conceção do layout do software do sistema ótico. A simulação do projeto é também apresentada juntamente com os resultados, que incluem as leituras e gráficos como o diagrama de olho. A discussão do resultado obtido também é feita no capítulo.

O Capítulo 4 trata da mistura de quatro ondas (FWM). Um efeito de não-linearidade na comunicação por fibra ótica entre o emissor e o recetor. Este capítulo apresenta uma introdução pormenorizada à mistura de quatro ondas. Apresenta também a conceção do layout do software optisystem. A simulação do projeto é também apresentada juntamente com os resultados, que incluem as leituras e gráficos como o diagrama de olho. A discussão do resultado obtido também é feita no capítulo.

O Capítulo 5 trata da Dispersão. Um efeito de perda na comunicação por fibra ótica entre o emissor e o recetor. Este capítulo apresenta uma introdução pormenorizada à dispersão. Apresenta também a conceção do layout do software optisystem. A simulação do projeto é também apresentada juntamente com os resultados, que incluem as leituras e gráficos como o diagrama de olho. A discussão dos resultados obtidos também é feita neste capítulo.

O capítulo 6 é o resumo do trabalho de investigação da dissertação. Este capítulo fornece uma perspetiva final da dissertação, apresentando o resumo de todo o trabalho efectuado na dissertação.

Capítulo 2
Modulação de fase própria

2.1 Introdução

A modulação autofásica (SPM) é um efeito da não linearidade da interação luz-matéria na fibra ótica. O efeito Kerr da comunicação por fibra ótica provoca uma alteração do índice de refração de um material quando um impulso ultracurto de luz laser de uma fonte ótica passa através da fibra ótica [1]. [O impulso de luz ótica sofrerá uma mudança de fase em resultado da alteração do índice de refração, resultando numa mudança do espetro de frequência.

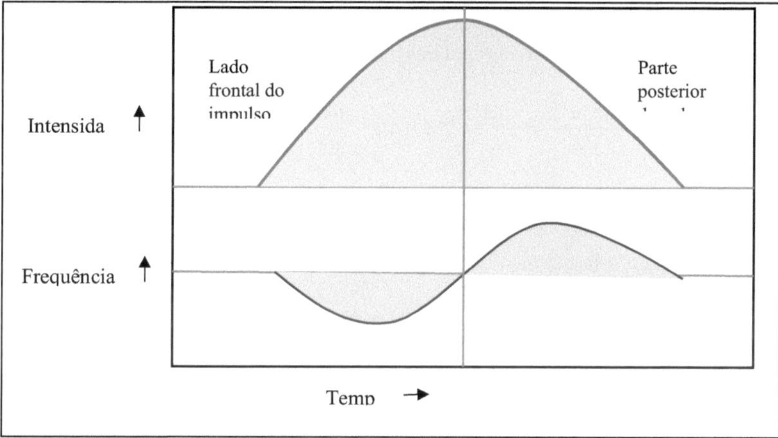

Figura 2.1 Efeito da SPM no sinal ótico

A modulação autofásica é um efeito não linear na comunicação por fibra ótica que utiliza pequenos impulsos ópticos de luz laser. A modulação de fase própria é também responsável pelas ondas sonoras de natureza não linear que se propagam em películas finas biológicas [2]. [2] É causada pelas propriedades das películas lipídicas, que são elásticas por natureza e estão sempre a mudar.

A equação não linear de Schrödinger que rege a evolução do correspondente campo elétrico de baixa passagem A(z) ao longo da distância z, é

$$\frac{dA(z)}{dz} = -j\gamma|A(z)|^2 A(z)$$

Onde, j é a unidade imaginária e γ é o coeficiente não linear do meio.

De acordo com o símbolo do perito utilizado na formulação da transformada de Fourier, o componente não linear cúbico do lado direito é designado por efeito Kerr e é escalonado por $-j$.

A energia do campo elétrico permanece constante ao longo do eixo z, porque:

$$\frac{d|A|^2}{dz} = \frac{dA}{dz}A^* + A\frac{dA^*}{dz} = 0$$

Em que a conjunção é designada por *

O impacto de Kerr só se pode manifestar como uma rotação de fase porque a potência é constante. Usando coordenadas polares, com $A = |A|e^{j\varphi}$, é:

$$\frac{d|A|e^{j\varphi}}{dz} = \frac{d|A|}{dz}e^{j\varphi} + j|A|e^{j\varphi}\frac{d\varphi}{dz} = j\gamma|A(z)|^3 e^{j\varphi}$$

Tal que: $\frac{d\varphi}{dz} = -\gamma|A|^2$.

Na coordenada z, a fase φ é:

$$\varphi(z) = \varphi(0) - \gamma|A(0)|^2 z$$

A potência dos campos eléctricos induz a modulação autofásica que é realçada por estas relações.

A equação de propagação na presença de atenuação α

$$\frac{dA(z)}{dz} = -\frac{\alpha}{2}A(z) - j\gamma|A(z)|^2 A(z)$$

E a solução é

$$A(z) = A(0)e^{-\frac{\alpha}{2}z}e^{-j\gamma|A(z)|^2 L_{eff}(z)}$$

Em que $L_{eff}(z)$ é o comprimento efetivo e é definido por

$$L_{eff}(z) = \int_0^z e^{-\alpha x}dx = \frac{1 - e^{-\alpha x}}{\alpha}$$

Consequentemente, num meio homogéneo, o SPM não aumenta infinitamente ao longo do comprimento com a atenuação, mas acaba por se esgotar:

$$\lim_{z \to +\infty} \varphi(z) = \varphi(0) - \gamma |A(0)^2 \frac{1}{\alpha}$$

A intensidade no tempo t é dada por I(t) para um impulso ultracurto de forma gaussiana e fase constante t

Uma energia ótica elevada num canal (por exemplo, uma fibra ótica) gera um atraso de fase não linear com a mesma curva temporal que a intensidade ótica devido ao efeito Kerr.

$$\Delta n = n_2 I$$

Em que n_2 é o índice não linear

I é a intensidade ótica

A atenção na modulação de autofase está centrada na dependência temporal da mudança de fase, mas para perfis de feixe específicos, a dependência transversal conduz ao fenómeno de autofocagem.

O efeito Kerr na comunicação ótica provoca uma mudança de fase que depende do tempo e que está de acordo com a intensidade do impulso que também depende do tempo. [3] Tudo isto ocorre quando o impulso ótico está a viajar através do meio ótico. Desta forma, o impulso ótico adquire um chirp que inicialmente não é chirpado, ou seja, uma variação da frequência instantânea durante um pequeno período de tempo que é temporário.

A potência ótica por unidade de variação de fase no eixo, num comprimento L e num raio de feixe w, que é um feixe gaussiano, é apresentada a seguir com uma constante de proporcionalidade.

$$\gamma_{SPM} = \frac{2\pi}{\lambda} n_2 L (\frac{\pi}{2} w^2)^{-1} = \frac{4 n_2 L}{\lambda w^2}$$

O espetro ótico é alterado em resultado da mudança de fase dependente do tempo induzida pela SPM. A SPM provoca o alargamento do espetro (um aumento da largura de banda ótica) se o impulso não for quirado ou for quirado para cima no início, mas pode provocar a compressão do espetro se o impulso for quirado para baixo no início (assumindo sempre um índice não linear positivo). [4] O aspeto oscilatório deriva do facto de a frequência instantânea sofrer excursões significativas, resultando em entradas para o integral de Fourier para uma frequência de entrada particular a partir de dois momentos distintos. Estas entradas podem acumular-se positivamente ou apagar-se mutuamente, dependendo da frequência específica.

O SPM pode ser o principal impacto sobre uma onda ultracurta na fibra ótica se a energia máxima for aumentada (levando a um SPM elevado) e a dispersão cromática for baixa, resultando numa duração de impulso quase uniforme.

O chirp da modulação autofásica pode ser equilibrado pela dispersão em fibras ópticas com dispersão cromática assimétrica, resultando na produção de solitões. [5] Apesar do efeito SPM, a amplitude espetral dos impulsos de solitões básicos em fibras bidireccionais permanece inalterada ao longo da transmissão.

2.2 Conceção e simulação do sistema

A conceção do sistema de comunicação por fibra ótica, que mostra a configuração da modulação autofásica, é feita num software que é o optisystem. O Optisystem é um software que ajuda o utilizador a conceber qualquer comunicação por fibra ótica e a testá-la numa plataforma virtual antes de a executar no hardware. Desta forma, o utilizador poupa tempo e recursos. O software Optisystem fornece a plataforma para o teste virtual de todos os equipamentos utilizados na comunicação por fibra ótica. Ajuda o utilizador a encontrar o resultado de uma ligação de comunicação ótica entre o emissor e o recetor através de vários métodos, também sob diferentes tipos de condições. O utilizador pode também configurar os parâmetros de todos os produtos utilizados na disposição do sistema ótico que estão disponíveis na biblioteca. Isto ajuda o utilizador a simular o sistema em pormenor.

O projeto do sistema de comunicação ótica para modulação de fase própria é apresentado a seguir, tendo sido concebido no software optisystem.

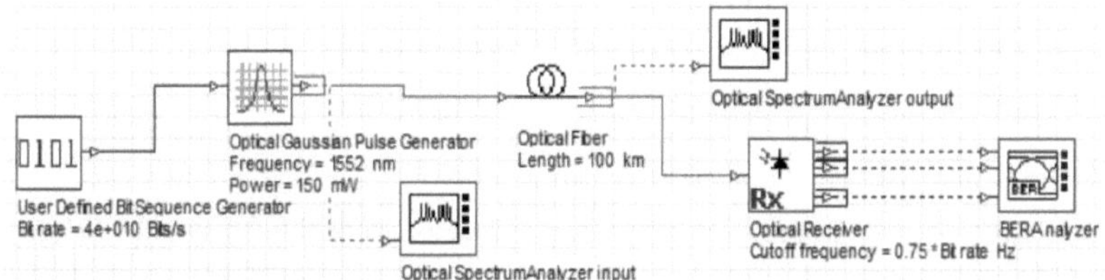

Figura 2.2 Sistema ótico para SPM

Na conceção do sistema de modulação autofásica acima apresentada, um gerador de sequência de bits definido pelo utilizador com uma taxa de bits de 40 Gb/ps é ligado em primeiro lugar ao gerador de impulsos gaussianos ópticos com uma frequência de 1552 nm e uma potência de 150 mW. A taxa de bits mais elevada do gerador é utilizada porque se pretende analisar a taxa de dados de alta velocidade. Este gerador de impulsos gaussianos ópticos é ainda ligado a uma fibra ótica de 100 km. As caraterísticas da fibra ótica são apresentadas no quadro seguinte. No lado do recetor, há um recetor ótico com uma frequência de corte de 0,75*bit rate que recebe o sinal ótico e o converte em sinal elétrico para o analisador BER. São também utilizados analisadores de espetro ótico, um ligado ao gerador de impulsos gaussianos ópticos e o outro ligado à extremidade da fibra ótica. Estes são os componentes utilizados na conceção do sistema de comunicação por fibra ótica para a modulação autofásica.

Quadro 2.1 Caraterísticas da fibra **ótica**

Parâmetros	**Valores**
Comprimento de onda de referência	1550 nm
Comprimento	100 km
Atenuação	0,2 db/km
Dispersão	16,75 ps/nm/km
Inclinação da dispersão	0,075 ps/nm /km ^{2}

Em seguida, procede-se à simulação do desenho efectuado no esquema. O sistema de comunicação ótica para modulação autofásica funciona da seguinte forma. O gerador de sequências de bits definidas pelo utilizador gera os bits definidos pelo utilizador com uma taxa de bits de 40 Gb/ps. Estes bits são depois enviados para o gerador de impulsos gaussianos ópticos com a frequência de 1552nm e a potência de 150mW. Os bits são sobrepostos com o laser, tal como acontece quando os dados são enviados através da luz laser; do mesmo modo, os bits seguintes são aqui fundidos com a luz laser. Para que possam viajar facilmente no núcleo da fibra ótica.

Agora o sinal está pronto para ser transmitido no meio, ou seja, no núcleo da fibra ótica. No ponto de arranque da fibra ótica, é ligado um analisador de espetro ótico para ver o espetro do sinal ótico de entrada. Depois de a fibra ótica terminar no recetor ótico, liga-se de novo um analisador do espetro ótico para ver o espetro do sinal ótico de saída, de modo a poder fazer comparações posteriores. As caraterísticas do recetor ótico são apresentadas a seguir. Neste recetor ótico, o sinal ótico proveniente da fibra ótica é convertido em sinal elétrico. Em seguida, é ligado o analisador BER, que mostra o diagrama de olho, o fator Q máximo e o BER mínimo.

Quadro 2.2 Caraterísticas do recetor ótico

Parâmetros	**Valor**
Fotodetector	PIN
Ganho	3
Rácio de ionização	0.9
Responsividade	1 A/W
Corrente escura	10 nA
Frequência de corte	0,75 * (Taxa de bits) Hz
Perda de inserção	0 dB
Profundidade	100 dB
Encomendar	4

2.3 Resultados e discussão

Após a conclusão do projeto do sistema de comunicação por fibra ótica, é feita a simulação do sistema de comunicação por fibra ótica para analisar o resultado do sistema de comunicação por fibra ótica. Os dados transmitidos do emissor para o recetor são estudados pelos vários resultados obtidos no sistema optisystem através da simulação do sistema de comunicação por fibra ótica. Os resultados que podem ser obtidos no software optisystem através da simulação da comunicação por fibra ótica são o espetro ótico, a potência ótica, o diagrama de olho, o analisador BER e muitos outros.

O efeito da modulação autofásica pode ser visto no seguinte analisador de espetro ótico que mostra ambos os sinais, um antes de entrar na fibra ótica e outro a sair da fibra ótica.

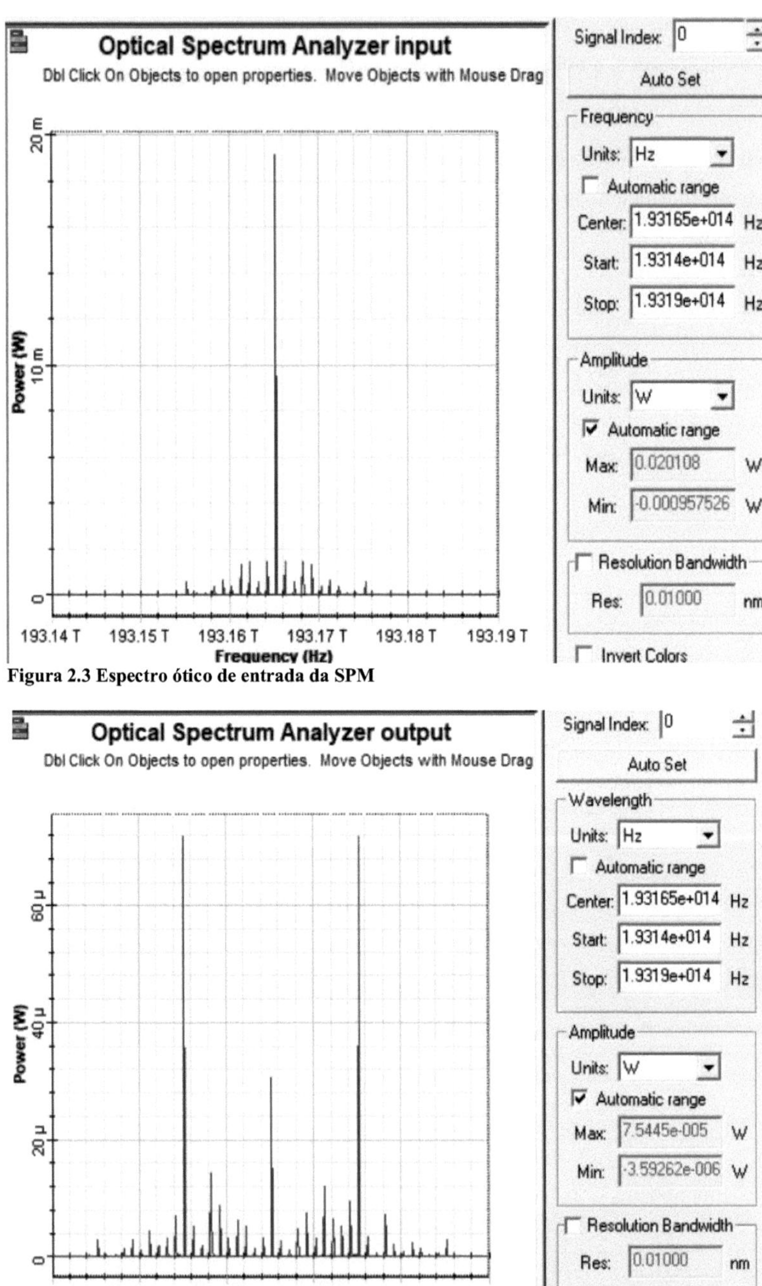

Figura 2.3 Espectro ótico de entrada da SPM

Figura 2.4 Espectro ótico de saída da SPM

Como se pode ver no analisador de espetro ótico acima, vemos apenas um único pico de potência numa única frequência, mas quando o sinal sai da fibra ótica depois de percorrer 100 km, tem um aspeto diferente no analisador de espetro ótico. Vêem-se claramente os dois picos e um pequeno pico de potência em diferentes frequências, o que não é normal. Isto dá-nos uma ideia clara da modulação de fase própria. O diagrama de olho que estamos a obter é mostrado abaixo.

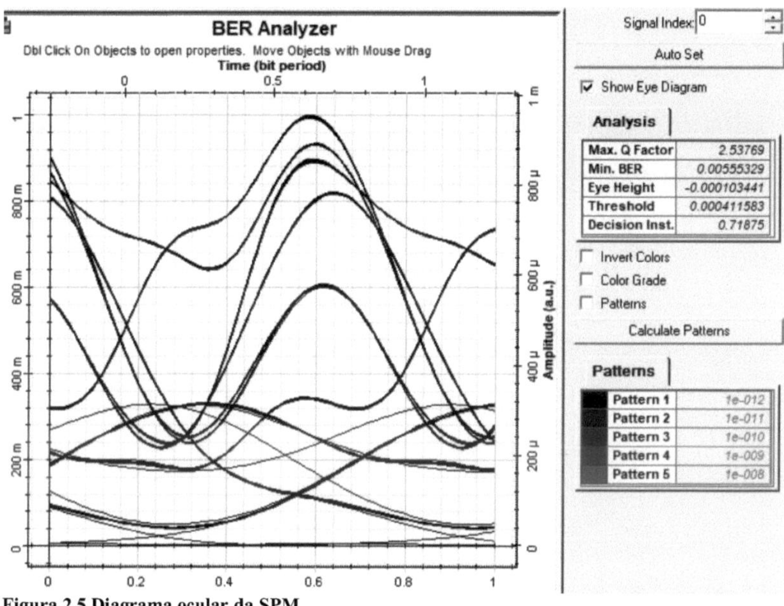

Figura 2.5 Diagrama ocular da SPM

Como se pode ver acima, o diagrama de olho não é bom, o fator Q não apresenta um valor muito superior e o BER também não é bom. Todos os dados aqui apresentados não são bons para uma boa comunicação ótica.

2.4 Conclusão

Os resultados do sistema de comunicação ótica com modulação de fase própria são estudados em pormenor. O analisador de espetro ótico mostra o efeito da modulação de auto-fase. Havia apenas uma frequência em 193,165THz; mas há novas frequências que se elevam devido à SPM, uma em 193,155THz e a segunda em 193,175THz. A frequência original em 193.165THz é suprimida pelas outras duas novas frequências. Estas frequências não são desejadas devido ao SPM e corrompem os dados originais do utilizador. O analisador BER também mostra os efeitos da SPM. Devido ao efeito da SPM, o fator Q máximo é 2,53769, o que é muito baixo, e o BER mínimo é 0,00555329. Ambos os valores não prometem uma boa ligação do sistema de comunicação por fibra ótica entre o emissor e o recetor.

Capítulo 3
Modulação de fase cruzada

3.1 Introdução

Os efeitos de modulação de fase cruzada (XPM) ocorrem no canal múltiplo da comunicação ótica entre o emissor e o recetor enquanto estes trocam os dados que pretendem. Quando um comprimento de onda da luz de uma fonte ótica afecta a fase de outro comprimento de onda da luz através de um efeito ótico denominado efeito Kerr. Este tipo de efeito não linear é designado por modulação de fase cruzada.

Quando um feixe de luz ótica muda a sua fase ótica devido à interação com outro feixe de luz ótica num meio não linear, especialmente num meio Kerr, chama-se a isso modulação de fase cruzada. [1] Chama-se a isto uma alteração do índice de refração da fibra ótica:

$$\Delta n^{(2)} = 2n_2 l^{(1)}$$

Em que n_2 é o índice não linear.

Neste caso, o índice de refração do feixe de luz ótica 2 é alterado devido à intensidade $l^{(1)}$ do feixe de luz ótica 2.

Quando a equação de modulação de fase cruzada descrita é comparada com a equação de modulação de fase própria, verifica-se uma multiplicação do fator 2 na equação de modulação de fase cruzada [2]. [2] O fator pelo qual a equação é multiplicada, ou seja, 2, é válido para o feixe de luz ótica que tem a mesma polarização. Mas quando o meio de modulação de fase cruzada é de natureza isotrópica, ou seja, óculos para feixes de luz ótica com polarização cruzada, o fator muda para 2/3. E para um meio que é birrefringente por natureza, a correção do fator necessário é ainda mais difícil.

A polarização não linear gerada na forma de meios como resultado da não linearidade $\chi^{(3)}$ é uma explicação fundamental dos fenómenos de modulação de fase cruzada. Com base nisso, por exemplo, o componente 2 da equação acima pode ser compreendido.

A modulação de fase cruzada criou uma interação entre o impulso laser ótico num determinado meio de fibra ótica. Graças a este fenómeno, o utilizador pode medir a intensidade ótica de um determinado impulso de luz ótica observando apenas a mudança de fase de outro impulso de luz ótica, sem absorver qualquer tipo de fotão do feixe de luz ótica anterior. Tudo isto constitui o princípio de funcionamento das medições de não-demolição quântica (QND).

Quando os dois ou mais impulsos de luz ótica se sobrepõem um ao outro enquanto experimentam a modulação de fase cruzada, isso deve-se à sincronização de dois lasers bloqueados por modo utilizando o mesmo meio de ganho de laser de luz ótica.

A modulação de fase cruzada no sistema de comunicação por fibra ótica, em que o emissor e o recetor trocam os dados que pretendem, pode afetar o meio de fibra ótica com a conversação cruzada no canal.

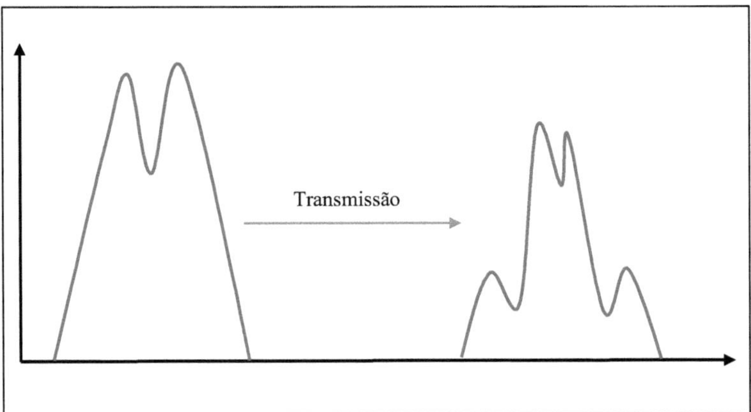

Figura 3.1 Efeito do XPM no sinal ótico

Por algumas razões, a modulação de fase cruzada é também descrita como o mecanismo de translação de canal (conversão do comprimento de onda ótico). [Mas no contexto do mecanismo de translação de canal (conversão do comprimento de onda ótico) não se relaciona com a modulação de fase cruzada que não está relacionada com o efeito Kerr ótico responsável pelo efeito não linear na ligação do sistema de comunicação ótica entre o emissor e o recetor onde trocam os dados que pretendem. Baseia-se antes nas alterações do índice de refração da fibra ótica por densidade da portadora no amplificador ótico semicondutor (SOA).

Quando queremos acrescentar alguma informação útil ao impulso de luz ótica, podemos fazê-lo modificando a fase ótica de um determinado feixe de luz laser ótico coerente e obtendo o resultado noutro feixe de luz laser ótico, num determinado meio ótico perfeito de natureza não linear. Tudo isto pode ser feito através da modulação de fase cruzada na ligação do sistema de comunicação por fibra ótica entre o emissor e o recetor, onde trocam os dados que pretendem.

3.2 Conceção e simulação do sistema

A conceção do sistema de comunicação por fibra ótica, que mostra a configuração da modulação de fase cruzada, é efectuada num software que é o optisystem. O Optisystem é um software que ajuda o utilizador a conceber qualquer comunicação por fibra ótica e a testá-la numa plataforma virtual antes de a executar no hardware. Desta forma, o utilizador poupa tempo e recursos. O software Optisystem fornece a plataforma para o teste virtual de todos os equipamentos utilizados na comunicação por fibra ótica. Ajuda o utilizador a encontrar o resultado de uma ligação de comunicação ótica entre o emissor e o recetor através de vários métodos, também sob diferentes tipos de condições. O utilizador pode também configurar os parâmetros de todos os produtos utilizados na disposição do sistema ótico que estão disponíveis na biblioteca. Isto ajuda o utilizador a simular o sistema em pormenor.

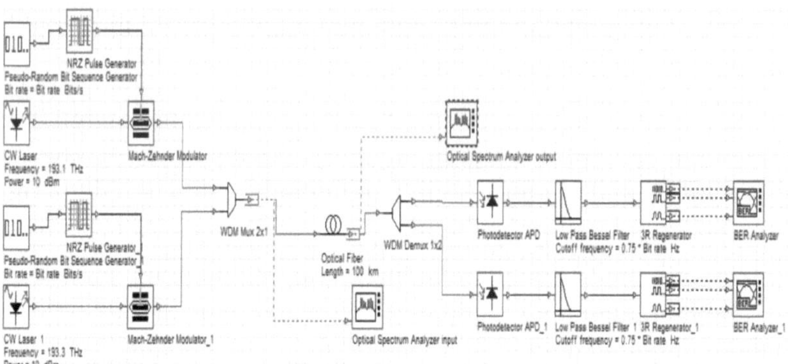

Figura 3.2 Sistema ótico para XPM

O sistema de comunicação por fibra ótica apresentado acima foi concebido para ver o impacto da modulação de fase cruzada. Neste sistema, é utilizado um gerador de bits pseudo-aleatórios (com uma taxa de dados de 40 Gb/ps) para gerar bits aleatórios para a transmissão. Estes bits aleatórios são então alimentados em geradores de impulsos NRZ que geram impulsos sem retorno a zero de acordo com o bit alimentado. Utiliza-se um laser CW (onda contínua) como fonte ótica, porque a informação só viajará com a ajuda da fonte ótica, neste caso o laser, e a frequência é fixada em 193,1THz, porque é a frequência óptima para o melhor caso de transmissão. A potência do laser é de 10dBm. Em seguida, utilizámos o modulador Mach Zehnder que modulou os impulsos provenientes do gerador de impulsos NRZ sobre a fonte laser. Este tipo de secção do transmissor é constituído por duas secções, a outra tem uma frequência de 193,3THz. Depois disto, o sinal ótico com a informação é obtido e está pronto para a transmissão.

Os dois sinais são multiplexados com a ajuda do Mux WDM 2:1. Depois vem a fibra ótica com um comprimento de 100 km que é ligada ao Demux WDM 1:2. Os sinais são então divididos por este Demux e começa a secção do recetor. Em primeiro lugar vem o fotodetector APD que converte o sinal ótico em elétrico, depois o sinal passa pelo filtro de Bessel passa-baixo com uma frequência de corte de 0,75*bit rate (em Hz), após o que é utilizado o gerador 3R para melhorar a saída. Por fim, é utilizado o analisador BER para analisar os resultados. São também utilizados dois analisadores de espetro ótico no sistema ótico, um ligado ao WDM Mux e o outro ligado à extremidade da fibra ótica. Fica assim concluída a conceção do sistema de modulação de fase cruzada

Em seguida, é feita a simulação do desenho efectuado no esquema. O sistema de comunicação ótica para modulação de fase cruzada funciona da seguinte forma. O gerador de bits pseudo-aleatórios gera os bits aleatórios para o utilizador a uma determinada taxa de dados. Estes bits aleatórios vão para o gerador NRZ (non-return to zero). Este gerador converte estes bits em impulsos NRZ para alimentar o modulador Mach Zehnder.

O laser CW é um laser de onda contínua que emite o feixe laser continuamente com a mesma intensidade e com mecanismo controlável pelo calor. O laser CW é a fonte ótica através da qual a informação viaja na fibra ótica de modo único. A luz laser e o impulso NRZ entram no modulador Mach Zehnder. Este modulador sobrepõe o impulso de dados do utilizador NRZ ao impulso de luz laser CW e faz com que o sinal seja transmitido no meio de fibra ótica. Em seguida, o sinal é multiplexado com o outro sinal de outro utilizador no multiplexador de multiplexagem por divisão do comprimento de onda (WDM mux). Os dois sinais são multiplexados num único sinal para transmissão na fibra ótica. As caraterísticas do WDM são apresentadas no quadro seguinte

Quadro 3.1 Caraterísticas do WDM

Parâmetros	**Valores**
Largura de banda	10 GHz
Perda de inserção	0 dB
Profundidade	100 dB
Tipo de filtro	Bessel
Ordem de filtragem	2
Frequência[0]	193,1 THz
Frequência[1]	193,3 THz

Após o WDM mux, o sinal é transmitido na fibra ótica, que é uma fibra monomodo (SMF). As caraterísticas da fibra ótica são apresentadas no quadro seguinte

Quadro 3.2 Caraterísticas da fibra **ótica**

Parâmetros	**Valores**
Comprimento de onda de referência	1550nm
Comprimento	100 km
Atenuação	0,2db/km
Dispersão	16,75ps/nm/km
Inclinação da dispersão	0,075ps/nm /km ^{2}

Quando o mux WDM é ligado a uma fibra ótica, nesse mesmo ponto é ligado um analisador de espetro ótico para analisar o sinal ótico de entrada. E quando esta fibra ótica termina, há novamente um analisador de espetro ótico para analisar o sinal ótico de saída. Assim, o sinal em ambas as extremidades pode ser comparado e o efeito da modulação de fase cruzada pode ser visto e estudado.

No lado do recetor, quando o sinal chega ao fim da fibra ótica, é novamente separado em dois por demux WDM. Depois disso, o sinal é enviado para o fotodetector APD (fotodíodo de avalanche) para converter os sinais ópticos em sinais eléctricos. As caraterísticas do fotodetector APD são apresentadas no quadro seguinte. Para que a informação dos dados possa ser utilizada. Em seguida, o sinal é enviado para um filtro de Bessel passa-baixo para obter apenas os dados e eliminar o ruído. As caraterísticas do filtro de Bessel passa-baixo são apresentadas na tabela seguinte. O gerador 3R é ligado após o filtro de Bessel passa-baixo para obter a maior parte dos dados exactos e, por fim, o analisador BER é ligado para analisar o diagrama ocular, o fator Q máximo e o BER mínimo.

Quadro 3.3 Caraterísticas do fotodetector APD

Parâmetros	**Valores**
Ganho	3
Capacidade de resposta	1 A/W
Rácio de ionização	0.9
Corrente escura	10 nA

Tabela 3.4 Caraterísticas do filtro passa-baixo de Bessel

Parâmetros	Valores
Frequência de corte	0,75 * (Taxa de bits) Hz
Perda de inserção	0 dB
Profundidade	100 dB
Encomendar	4

3.3 Resultados e discussão

Após a conclusão do projeto do sistema de comunicação por fibra ótica, é feita a simulação do sistema de comunicação por fibra ótica para analisar o resultado do sistema de comunicação por fibra ótica. Os dados transmitidos do emissor para o recetor são estudados pelos vários resultados obtidos no sistema optisystem através da simulação do sistema de comunicação por fibra ótica. Os resultados que podem ser obtidos no software optisystem através da simulação da comunicação por fibra ótica são o espetro ótico, a potência ótica, o diagrama de olho, o analisador BER e muitos outros.

Os resultados do sistema acima apresentado são os seguintes, a análise do espetro ótico e o diagrama BER com outros dados.

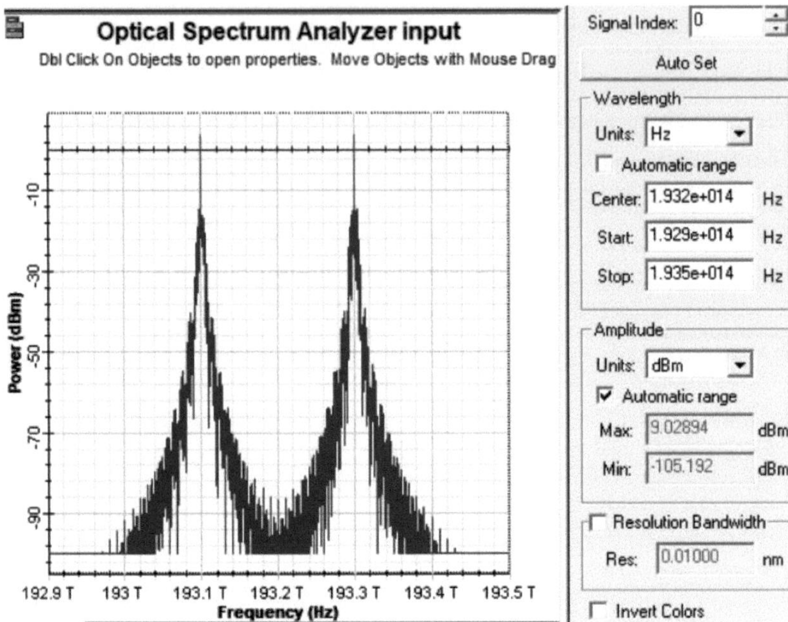

Figura 3.3 Analisador de espetro ótico de entrada do XPM

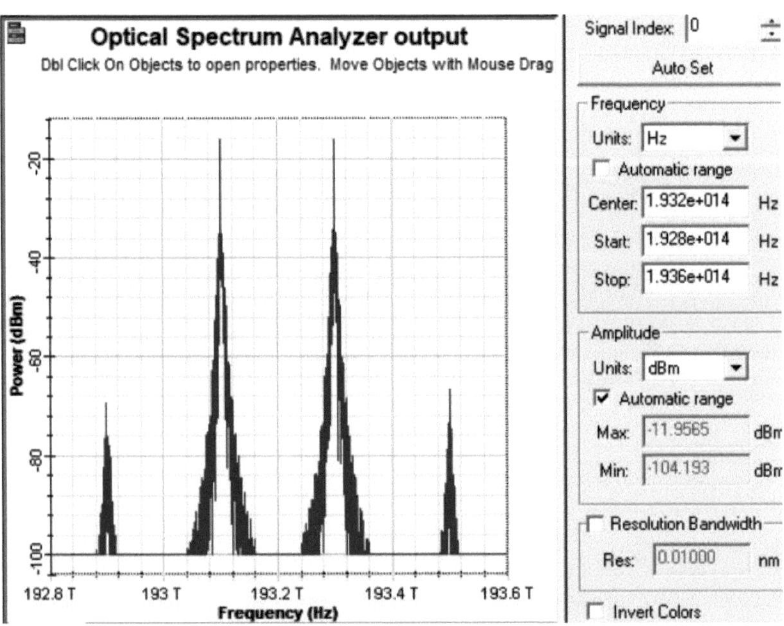

Figura 3.4 Analisador de espetro ótico de entrada do XPM

No espetro de sinais acima apresentado, verifica-se que, no analisador de entrada, dois sinais são claramente vistos sem qualquer problema, mas no lado da saída podemos ver que existem dois sinais principais, mas também dois picos laterais na potência em diferentes frequências, que é o efeito da modulação de fase cruzada que degrada o sinal. O diagrama ocular é apresentado a seguir

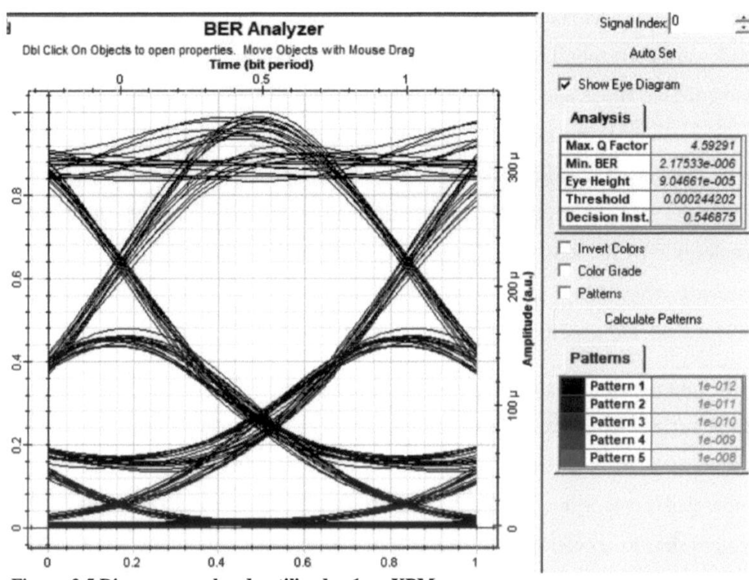

Figura 3.5 Diagrama ocular do utilizador 1 no XPM

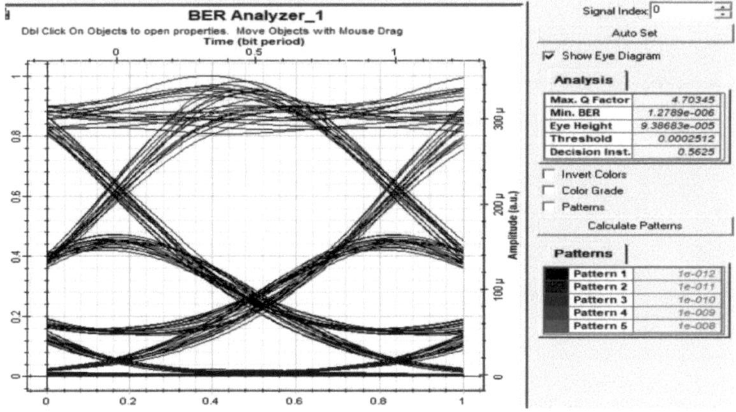

Figura 3.6 diagrama ocular do utilizador 2 no xpm

O fator Q máximo é de aproximadamente 4,6 e 4,7, respetivamente, em ambos os sinais e o BER mínimo também é baixo. Este é o impacto da modulação de fase cruzada na comunicação ótica.

3.4 Conclusão

Os resultados do sistema de comunicação ótica para a modulação de fase cruzada são estudados em pormenor. O analisador de espetro ótico mostra o efeito da modulação de fase cruzada. Havia apenas duas frequências a 193,1THz e outra a 193,3THz; mas há novas frequências que surgem devido à XPM, uma a 192,9THz e outra a 193,5THz. Estas frequências são indesejadas devido ao XPM e corrompem os dados originais do utilizador. O analisador BER também mostra os efeitos do XPM. Ambos os analisadores BER dos receptores apresentam valores diferentes, mas aproximadamente iguais. Devido ao efeito do XPM, o fator Q máximo de um é 4,59291 e o fator Q máximo do outro recetor é 4,70345.

O BER mínimo do primeiro recetor é 2,17233e-006 e o BER mínimo do segundo recetor é 1,2789e-005. Ambos os valores não prometem uma boa ligação do sistema de comunicação por fibra ótica entre o emissor e o recetor. As outras frequências, que são indesejadas e constituem ruído para o sistema e danificam os dados do utilizador, aumentam devido ao efeito da modulação de fase cruzada, um efeito não linear na ligação do sistema de comunicação ótica entre o emissor e o recetor enquanto trocam informações úteis.

Capítulo 4
Mistura de quatro ondas

4.1 Introdução

A mistura de quatro ondas é um fenómeno de intermodulação na comunicação em fibra ótica não linear entre o emissor e o recetor enquanto trocam os dados que pretendem. [4] Quando o utilizador transmite três ou mais comprimentos de onda de luz ótica, ocorre uma interação entre eles que leva à produção de mais dois comprimentos de onda de luz ótica. Estes novos comprimentos de onda da luz ótica são indesejáveis para o utilizador e também corrompem os dados que estão a ser transferidos entre o emissor e o recetor através de uma ligação de comunicação por fibra ótica.

O efeito da mistura de quatro ondas é, de certo modo, o mesmo nos sistemas eléctricos até ao ponto de interceção de terceira ordem. O efeito da distorção de intermodulação de um determinado sistema elétrico pode ser equiparado ao efeito da mistura de quatro ondas na comunicação por fibra ótica entre o emissor e o recetor enquanto trocam os dados que pretendem. Ambos os efeitos podem ser comparados entre si. A intensidade dos fotões que chegam é preservada neste processo não linear parametrizado. [5] O FWM é uma operação sensível à fase, o que significa que as circunstâncias de correspondência de fase têm um impacto significativo na eficácia do processo.

O efeito não linear, como a mistura de quatro ondas, surge a partir de uma não linearidade de 3 ordens na comunicação por fibra ótica. É também marcado com o coeficiente $\chi^{(3)}$ coeficiente. O efeito de mistura de quatro ondas pode ocorrer num meio não linear como uma fibra ótica se, no mínimo, duas componentes de frequência distintas viajarem simultaneamente.

Por exemplo, considerando que duas componentes de frequências de entrada diferentes viajam em conjunto com f_1 e f_2 em que f_1 é menor do que$f_2$resultando numa modulação do índice de refração noutra frequência diferente que dá mais dois componentes de frequência. Como resultado, são criadas duas frequências diferentes.

$$f_3 = f_1 - (f_2 - f_1)$$

$$= 2f_1 - f_2$$

e

$$f_4 = f_2 + (f_2 - f_1)$$
$$= 2f_2 - f_1$$

E mais pode acontecer se já existir uma onda nessas frequências em que as novas duas frequências (f_1, f_2) são criadas; essa onda tem mudanças de ser amplificada. [6] Este fenómeno é designado por amplificação paramétrica. O efeito de mistura de quatro ondas é mostrado no gráfico abaixo.

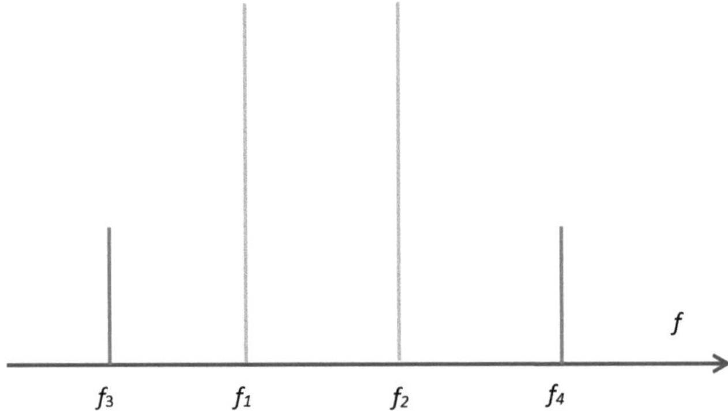

Figura 4.1 Geração de uma nova componente de frequência devido a FWM

A explicação da mistura de quatro ondas acima mencionada mostra que se trata de uma interação entre quatro tipos diferentes de frequência. É explicada pelo termo mistura não degenerada de quatro ondas. A mistura transformada de quatro ondas, em que duas das quatro frequências coincidem, é também um cenário. Uma única onda de bomba, por exemplo, pode fornecer amplificação para uma componente de frequência próxima (um sinal). Dois fótons são removidos à força da forma de onda da bomba para cada fóton contribuído para a forma de onda do sinal, e um é colocado numa forma de onda inativa com apenas uma frequência, mas do outro lado da forma de onda da bomba.

4.2 Conceção e simulação do sistema

A conceção do sistema de comunicação por fibra ótica, que mostra a configuração para a mistura de quatro ondas (FWM), é feita num software que é o optisystem. O

Optisystem é um software que ajuda o utilizador a conceber qualquer comunicação por fibra ótica e a testá-la numa plataforma virtual antes de a executar no hardware. Desta forma, o utilizador poupa tempo e recursos. O software Optisystem fornece a plataforma para o teste virtual de todos os equipamentos utilizados na comunicação por fibra ótica. Ajuda o utilizador a encontrar o resultado de uma ligação de comunicação ótica entre o emissor e o recetor através de vários métodos, também sob diferentes tipos de condições. O utilizador pode também configurar os parâmetros de todos os produtos utilizados na disposição do sistema ótico que estão disponíveis na biblioteca. Isto ajuda o utilizador a simular o sistema em pormenor.

O efeito de mistura de quatro ondas (FWM) é estudado através da seguinte conceção do sistema

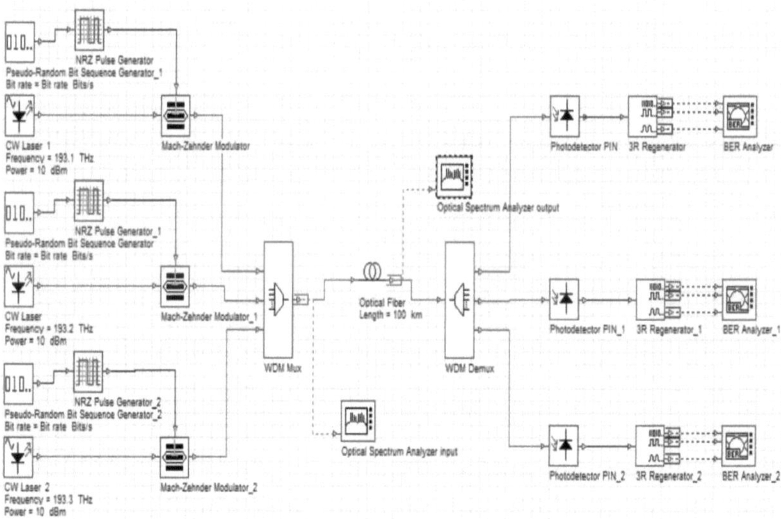

Figura 4.2 Sistema ótico para FWM

O sistema de comunicação por fibra ótica acima apresentado foi concebido para estudar o impacto da mistura de quatro ondas (FWM). Neste sistema, são criadas três secções de transmissor e três secções de recetor. A secção do transmissor é constituída por um gerador de bits pseudo-aleatórios com uma velocidade de transmissão de dados de 40 Gb/ps; os bits aleatórios são depois alimentados por geradores de impulsos NRZ que geram impulsos sem retorno a zero de acordo com o bit alimentado. Utiliza-se um laser CW (onda contínua) como fonte ótica, uma vez que a informação só viajará com a ajuda da fonte ótica, neste caso o laser, e a frequência é definida para 193,1THz, 193,2THz e 193,3THz, respetivamente. A potência do laser é de 10dBm. Em seguida, utilizámos o modulador Mach Zehnder que modulou os impulsos provenientes do gerador de impulsos NRZ sobre a fonte laser.

Depois disso, todos os três sinais são multiplexados com a ajuda do Mux WDM 3:1. Depois vem a fibra ótica com um comprimento de 100 km que é ligada ao Demux WDM 1:3. Os sinais são então divididos por este Demux e inicia-se a secção recetora. Na secção recetora, o sinal é enviado para o fotodetector PIN para conversão do sinal de ótico para elétrico, depois passa pelo gerador 3R e, por fim, é ligado o analisador BER para obtenção dos gráficos. São também utilizados dois analisadores de espetro ótico no sistema ótico, um ligado ao WDM Mux e o outro ligado à extremidade da fibra ótica. Fica assim concluído o projeto do sistema de mistura de quatro ondas (FWM).

Em seguida, procede-se à simulação do desenho efectuado no esquema. O sistema de comunicação ótica para a mistura de quatro ondas funciona da seguinte forma. O gerador de bits pseudo-aleatórios gera os bits aleatórios para o utilizador a uma determinada taxa de dados. Estes bits aleatórios vão para o gerador NRZ (non-return to zero). Este gerador converte estes bits em impulsos NRZ para alimentar o modulador Mach Zehnder.

O laser CW é um laser de onda contínua que emite o feixe laser continuamente com a mesma intensidade e com mecanismo controlável pelo calor. O laser CW é a fonte ótica através da qual a informação viaja na fibra ótica de modo único. A luz laser e o impulso NRZ entram no modulador Mach Zehnder. Este modulador sobrepõe o impulso de dados do utilizador NRZ ao impulso de luz laser CW e faz com que o sinal seja transmitido no meio de fibra ótica. Em seguida, o sinal é multiplexado com o outro sinal de outro utilizador no multiplexador de multiplexagem por divisão do comprimento de onda (WDM mux). Os três sinais são multiplexados num único sinal para transmissão na fibra ótica. As caraterísticas do WDM são apresentadas no quadro seguinte

Quadro 4.1 Caraterísticas do WDM

Parâmetros	**Valores**
Largura de banda	10 GHz

Perda de inserção	0 dB
Profundidade	100 dB
Tipo de filtro	Bessel
Ordem de filtragem	2
Frequência[0]	193,1 THz
Frequência[1]	193,2 THz
Frequência[2]	193,3 THz

Após o WDM mux, o sinal é transmitido na fibra ótica, que é uma fibra monomodo (SMF). As caraterísticas da fibra ótica são apresentadas no quadro seguinte

Quadro 4.2 Caraterísticas da fibra ótica

Parâmetros	**Valores**
Comprimento de onda de referência	1550nm
Comprimento	100 km
Atenuação	0,2db/km
Dispersão	16,75ps/nm/km
Inclinação da dispersão	0,075ps/nm /km ^{2}

Quando o mux WDM é ligado a uma fibra ótica, nesse mesmo ponto é ligado um analisador de espetro ótico para analisar o sinal ótico de entrada. E quando esta fibra ótica termina, há novamente um analisador de espetro ótico para analisar o sinal ótico de saída. Assim, o sinal em ambas as extremidades pode ser comparado e o efeito da modulação de fase cruzada pode ser visto e estudado.

No lado do recetor, quando o sinal chega ao fim da fibra ótica, é novamente separado em três por demux WDM. Depois disso, o sinal é enviado para o fotodetector PIN (fotodíodo p-i-n) para converter os sinais ópticos em sinais eléctricos. Assim, a informação dos dados pode ser utilizada. O gerador 3R é ligado após o fotodetector PIN para obter a maior parte dos dados exactos e, por fim, o analisador BER é ligado para analisar o diagrama ocular, o fator Q máximo e o BER mínimo.

4.4 Resultados e discussão

Após a conclusão do projeto do sistema de comunicação por fibra ótica, é feita a simulação do sistema de comunicação por fibra ótica para analisar o resultado do sistema de comunicação por fibra ótica. Os dados que são transmitidos do emissor para o recetor são estudados pelos vários resultados obtidos no sistema optisystem através da simulação do sistema de comunicação por fibra ótica. Os resultados que podem ser obtidos no software optisystem através da simulação da comunicação por fibra ótica são o espetro ótico, a potência ótica, o diagrama de olho, o analisador BER e muitos outros.

Após o cálculo do sistema ótico apresentado em cima. Obtém-se o espetro ótico, que é mostrado abaixo

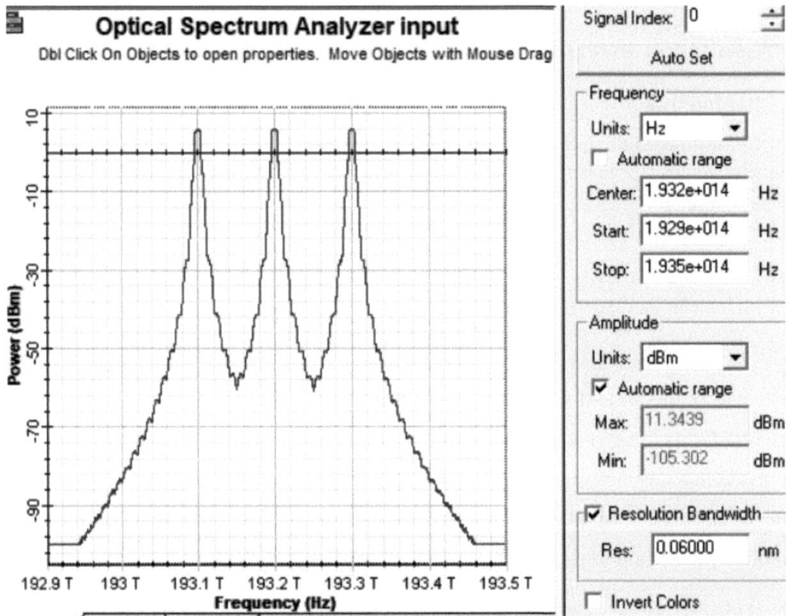

Figura 4.3 Espectro ótico de entrada da FWM

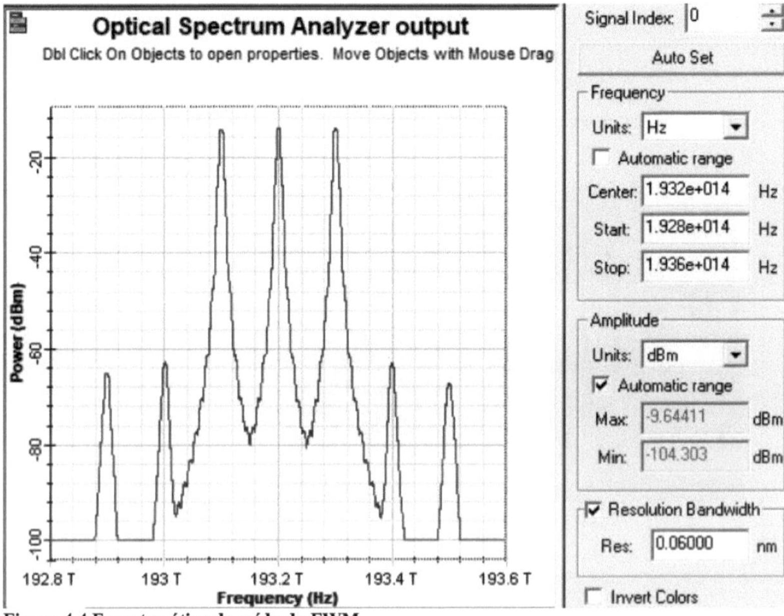

Figura 4.4 Espectro ótico de saída da FWM

No espetro ótico acima apresentado, vemos que, no lado da entrada, são perfeitamente apresentados três sinais, mas no outro lado da fibra ótica existem três sinais, bem como quatro picos de potência extra a frequências diferentes. Estes picos são o resultado do efeito de mistura de quatro ondas na comunicação ótica. O diagrama de olho é apresentado a seguir

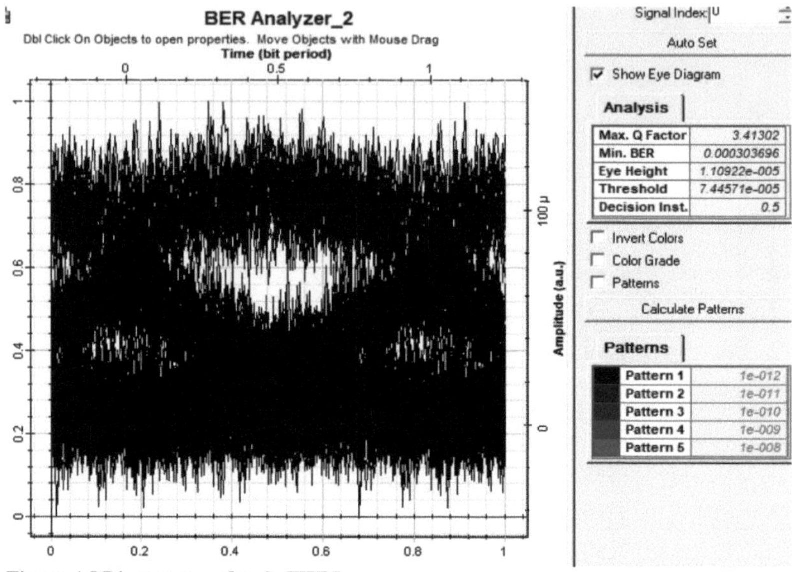

Figura 4.5 Diagrama ocular de FWM

O diagrama de olho acima mostra que a mistura de quatro ondas afecta muito mal o sistema de comunicação ótica, o fator Q máximo é 3,41302 e o BER mínimo é 0,000303696.

4.4 Sistema de comunicação ótica FWM melhorado

Para melhorar o sistema de comunicação ótica FWM, são efectuadas algumas manipulações no sistema e obtém-se um melhor resultado. As alterações são efectuadas da seguinte forma. [7] Os bits do gerador de sequências de bits pseudo-aleatórias são enviados para o gerador de impulsos RZ. Depois disso, o impulso é enviado para uma bifurcação que divide o sinal em dois, um dos quais é enviado para um deslocador de fase elétrico que muda a fase para 90 graus e o outro sinal da bifurcação vai diretamente para o modulador Mach Zehnder de duas portas. [8] O laser CW com potência de 3dbm é utilizado para enviar sinais ópticos para o sistema. O sinal ótico vai para o modulador Mach Zehnder de porta dupla de acionamento duplo. O modulador Dual Port Dual Drive Mach Zehnder tem três entradas, que são o sinal do deslocador de fase elétrico, o segundo impulso do gerador de impulsos RZ e o terceiro do laser CW, e também tem uma saída que vai para o polarizador circular que polariza o sinal do lado direito.

Tudo isto é feito na secção do transmissor. [9] Três transmissores são feitos com os mesmos componentes. Os três sinais são multiplexados num só através de um mux WDM 3:1. Em seguida, o sinal combinado vai para a fibra de compensação de dispersão (DCF) de comprimento 6km, dispersão de -85ps/nm/km, inclinação de dispersão de -0,3ps/nm2/km. As caraterísticas da DCF são mostradas na tabela abaixo. Depois disso, a fibra ótica de 100 km de comprimento passa para o demux WDM 1:3, que divide o sinal em três partes. Cada parte tem uma secção recetora.

Tabela 4.3 Caraterísticas da fibra de compensação de dispersão

Parâmetros	**Valores**
Comprimento de onda de referência	1550 nm
Comprimento	6 km
Atenuação	0,5 db/km
Dispersão	-85 ps/nm/km
Inclinação da dispersão	-0,3 ps/nm^2/km

A secção do recetor é constituída por um FBG de compensação da dispersão ideal com uma largura de banda de 100GHz, uma dispersão de -800ps/nm e três frequências diferentes para três receptores, ou seja, 193,1 THz, 193,2THz e 193,3Thz. Depois de o sinal passar pelo FBG de compensação da dispersão ideal, vai para o EDFA de 5m de comprimento. [10] As caraterísticas do FBG de compensação de dispersão ideal são mostradas abaixo. Em seguida, para o fotodetector PIN, depois deste filtro de Bessel passa-baixo com uma frequência de corte de 0,75*(taxa de bits) e gerador 3R. As caraterísticas do filtro de Bessel passa-baixo são apresentadas a seguir.

Tabela 4.4 Caraterísticas do FBG de compensação de dispersão ideal

Parâmetro	**Valor**
Frequência	193,1 THz
Largura de banda	100 GHz
Perda de inserção	0 dB
Profundidade	100 dB

Dispersão	-800 ps/nm

Tabela 4.5 Caraterísticas do filtro passa-baixo de Bessel

Parâmetros	Valores
Frequência de corte	0,75 * (Taxa de bits) Hz
Perda de inserção	0 dB
Profundidade	100 dB
Encomendar	4

O analisador de espetro ótico também é utilizado, um na extremidade do mux e outro na extremidade da fibra ótica. [11] Por último, o analisador BER para analisar o diagrama de olho e vários parâmetros.

A conceção melhorada do sistema FWM para três utilizadores. Segue-se o esquema do sistema para a secção do emissor e do recetor.

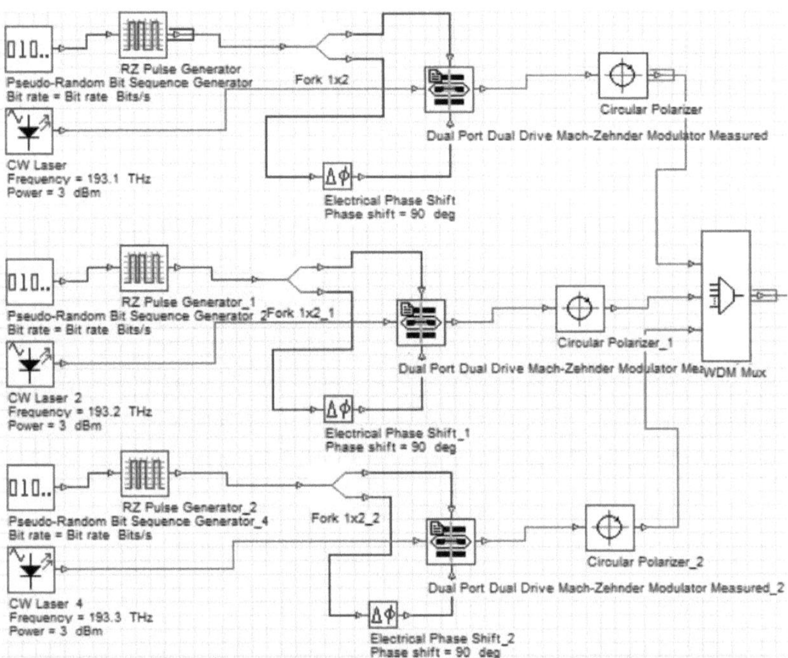

Figura 4.6 Secção do transmissor do sistema FWM melhorado

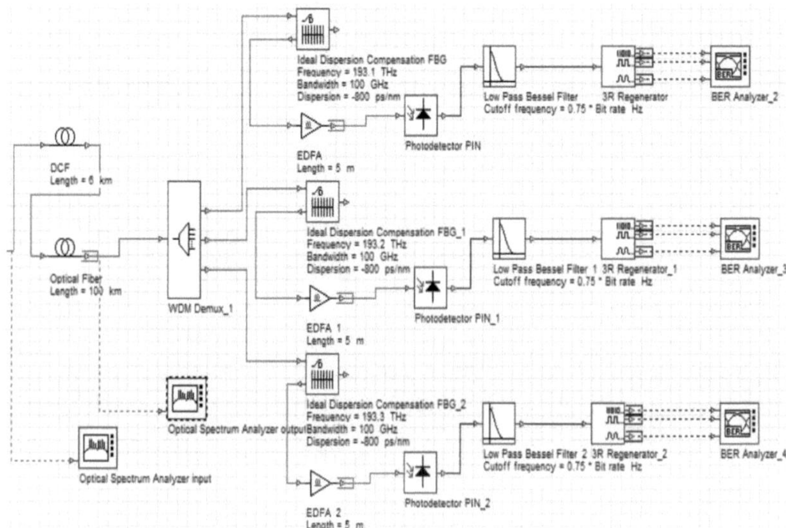

Figura 4.7 Secção do recetor do sistema **FWM melhorado**

Depois de implementar o sistema apresentado acima, obtemos o resultado apresentado

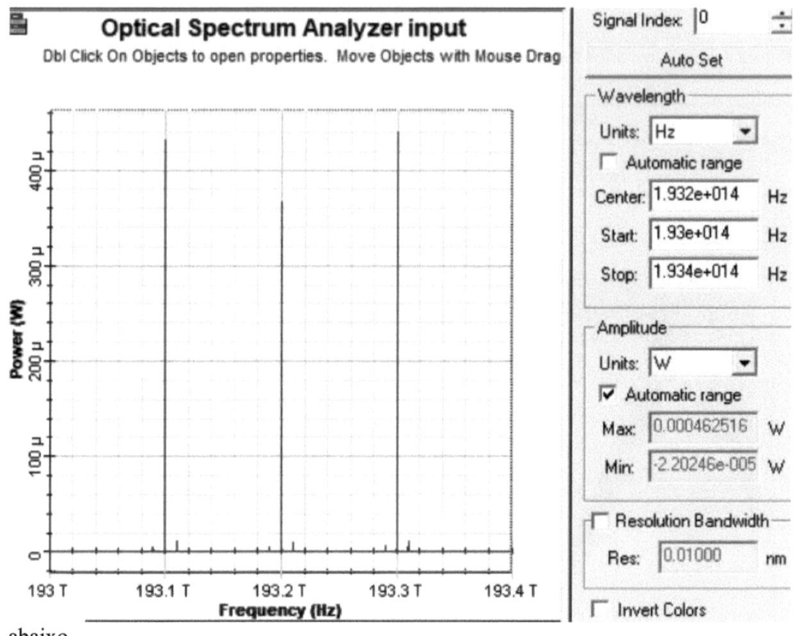

abaixo

Figura 4.8 Espectro ótico de entrada do sistema FWM melhorado

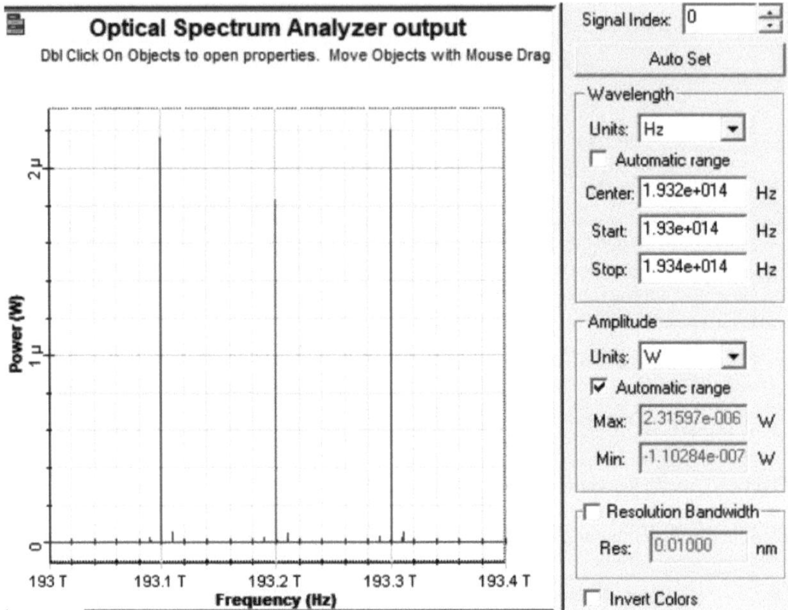

Figura 4.9 Espectro ótico de saída do sistema FWM melhorado

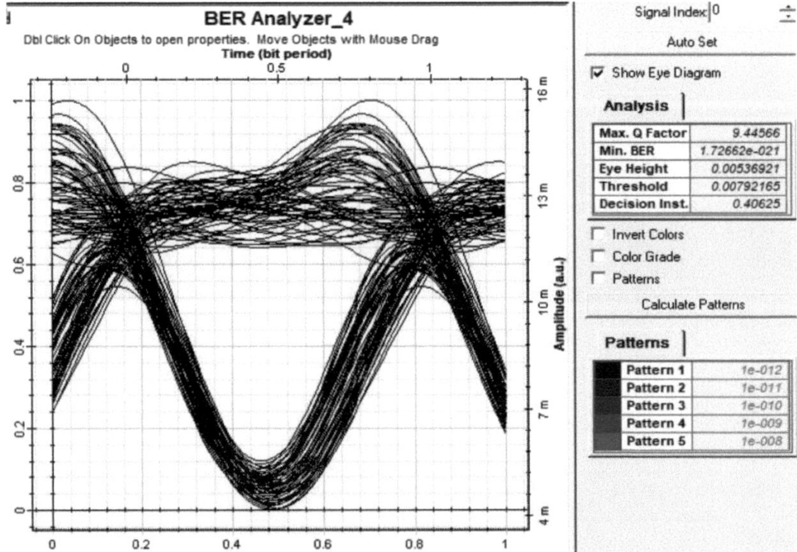

Figura 4.10 Diagrama ocular do sistema FWM melhorado

O analisador de espetro ótico acima mostra que, quando são dados três sinais, o analisador de espetro ótico de entrada mostra claramente os três sinais e o analisador de espetro de saída também mostra os três sinais corretos. Agora, o gráfico do analisador BER é o seguinte

O analisador BER apresentado acima mostra um bom diagrama ocular em comparação com o diagrama ocular anterior. Este mostra um fator Q de 9,44566 e uma BER baixa, o que é comparativamente bom em relação ao anterior

4.5 Conclusão

Os resultados do sistema de comunicação ótica para a mistura de quatro ondas são estudados em pormenor. O analisador de espetro ótico mostra o efeito da mistura de quatro ondas. Havia apenas três frequências em 193.1THz, 193.2THz ,193.3THz; mas há novas frequências que se elevam devido ao XPM em 192.9THz, 193THz, 193.4THz, 193.5THz. Estas frequências não são desejadas devido à FWM e corrompem os dados originais do utilizador.

O analisador BER também mostra os efeitos da FWM. Ambos os analisadores BER dos receptores apresentam valores diferentes, mas aproximadamente iguais. Devido ao efeito da FWM, o fator Q máximo de um dos três utilizadores é 3,41302 e o BER mínimo é 0,000303696. Ambos os valores não prometem uma boa ligação do sistema de comunicação por fibra ótica entre o emissor e o recetor. Mesmo o olho tem demasiado ruído, o que o torna pouco nítido e desfocado. As outras frequências, que são indesejadas e constituem ruído para o sistema e danificam os dados do utilizador, aumentam devido ao efeito da mistura de quatro ondas, um efeito não linear na ligação do sistema de comunicação ótica entre o emissor e o recetor, enquanto estes trocam informações úteis.

No sistema de comunicação ótica FWM melhorado, o efeito do FWM não é muito visível. O fator Q máximo do novo sistema de comunicação ótica FWM melhorado é 7,03126 e o BER mínimo é 9,94923e-013. O fator Q do novo sistema de comunicação ótica FWM melhorado é muito elevado quando comparado com o antigo sistema de comunicação ótica FWM. E o BER é muito inferior, o que é um bom sinal para o desempenho do sistema de comunicação ótica. Mesmo o diagrama de olho do novo sistema de comunicação ótica FWM melhorado é muito claro quando comparado com o antigo sistema de comunicação ótica FWM.

Capítulo 5
Dispersão

5.1 Introdução

A dispersão é um problema que ocorre em todas as comunicações ópticas e todos tentam ultrapassar este problema. São sempre utilizados novos métodos para compensar este problema. Existem muitos métodos para compensar o problema da dispersão. Um deles é o amplificador Raman, que ajuda a compensar as perdas por dispersão na fibra ótica. E a outra técnica é o amplificador de fibra dopada com érbio (EDFA).

A palavra dispersão na comunicação ótica descreve o problema da luz laser quando esta se dispersa no núcleo da fibra ótica. [12] A luz laser, quando entra na fibra ótica, é reflectida no interior da fibra e chega à extremidade da fibra ótica. Mas, por vezes, a luz reflectida embate em algumas partículas presentes no núcleo da fibra ótica sob a forma de defeito. Estes defeitos formam-se na fibra ótica quando esta é fabricada. Existem algumas inomogeneidades estruturais na fibra ótica devido às quais surgem estes defeitos. Por vezes, o termo absorção e dispersão da luz na fibra ótica é entendido da mesma forma, mas não é o mesmo. Na absorção, a luz é absorvida e nunca é reflectida, mas na dispersão a luz não é absorvida e, em vez disso, a luz é reflectida, o que cria um caminho incorreto para a luz e os dados são danificados.

Existem diferentes tipos de dispersão na fibra ótica. São os seguintes:

Figura 5.1 Representação hierárquica dos tipos de dispersão

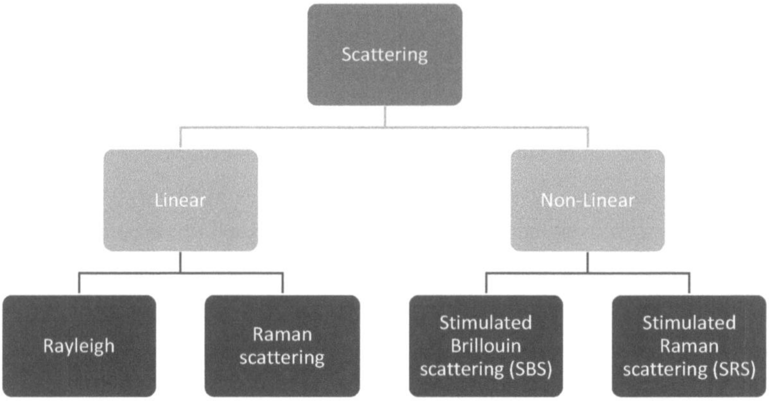

Basicamente, a dispersão é de dois tipos. Um deles é a dispersão linear e o outro é a dispersão não linear [13]. [13] A dispersão linear ocorre quando parte ou a totalidade da potência ótica na fibra ótica é transferida linearmente de um modo de propagação para outro modo de propagação. Neste mecanismo, por vezes a potência também sofre fugas e, como resultado, a potência é irradiada para fora da fibra ótica sob a forma de luz.

A dispersão linear é de dois tipos. São os seguintes:

- Dispersão de Rayleigh
- Dispersão de Mie

Na dispersão de Rayleigh, a luz é absorvida pela partícula no interior da fibra ótica e depois é reenviada na outra direção. O processo de absorção da luz e depois de a reenviar ocorre tão rapidamente que parece ser uma dispersão e não um aborto.

A fórmula da dispersão de Rayleigh é dada por:

$$\gamma_R = \frac{8\pi^3}{3\lambda^4}\eta^8 p^2 \beta_c k T_F$$

Onde γ_R é o coeficiente de dispersão de Rayleigh.

λ é o comprimento de onda ótico e η é o índice de refração do meio

p é o coeficiente fotoelástico médio

β_c é a compressibilidade isotérmica a uma temperatura fictícia T_F

k é a constante de Boltzmann

Na dispersão de Mie, a luz é reflectida pelas não homogeneidades que causam imperfeições na interface entre o núcleo e o revestimento da fibra ótica [14]. [14] A luz que é reflectida pela interface entre o núcleo e a camada de revestimento é principalmente na direção da frente. A imperfeição na fibra ótica de vidro pode ser evitada se o fabrico da fibra ótica for feito com cuidado.

Na dispersão não linear, a potência ótica na fibra ótica é transferida de um modo para o mesmo modo ou para outro modo na fibra ótica, quer numa das direcções, que são para a frente ou para trás, numa frequência diferente, de forma não linear. Este tipo de dispersão provoca uma atenuação a potências ópticas elevadas.

A dispersão não linear é de dois tipos. São os seguintes:

- Dispersão de Brillouin estimulada (SBS)
- Dispersão Raman estimulada (SRS)

Na dispersão de Brillouin estimulada (SBS), as ondas acústicas são geradas pelo sinal ótico forte e as variações no índice de refração da fibra ótica são produzidas por estas ondas acústicas. [15] A variação do índice de refração da fibra ótica faz com que a luz laser seja reflectida na direção inversa, que se encontra do lado do transmissor, e afecta o sinal que viaja na fibra ótica através da redução da potência do sinal. Este fenómeno é designado por dispersão para trás.

Na dispersão Raman estimulada (SRS), a energia do sinal ótico é transferida do sinal de menor comprimento de onda para o sinal vizinho de maior comprimento de onda na fibra ótica. Se dois sinais forem introduzidos no ponto de entrada da fibra ótica, o primeiro sinal perderá a sua energia e o segundo sinal ganhará essa mesma energia na ligação de comunicação ótica [16]. [16] Este fenómeno limita o desempenho do sistema de ligação de comunicações ópticas entre o emissor e o recetor.

O amplificador Raman é um dos dispositivos utilizados para melhorar o problema da dispersão. O amplificador Raman baseia-se basicamente no SRS. A amplificação Raman tem lugar no amplificador Raman. A amplificação Raman envolve o processo no qual estão envolvidos o bombeamento e os fotões da fibra ótica. O laser de bombeamento é alimentado no amplificador Raman, que excita os fotões no meio da fibra ótica e a energia do fotão é utilizada para amplificar o sinal que passa através da fibra ótica entre o emissor e o recetor. Os amplificadores Raman são menos dispendiosos do que os amplificadores de fibra dopada com érbio.

O amplificador de fibra dopada com érbio é utilizado para superar as perdas por dispersão na ligação de comunicação por fibra ótica entre o transmissor e o recetor. O EDFA é dopado com átomos de érbio na fibra ótica de vidro-sílica convencional. O EDFA utiliza um laser de bomba de 980 nm para excitar os átomos de érbio, uma vez que estes absorvem a luz de 980 nm e atingem o estado de excitação a partir do estado fundamental [17]. [17] Quando atingem o nível de excitação, após algum tempo, voltam novamente ao nível do solo. No processo de regresso ao nível do solo a partir do nível de excitação, libertam energia em 1525-1565 nm, que é utilizada para amplificar o sinal ótico na ligação de fibra ótica de comunicação entre o emissor e o recetor. O EDFA é utilizado nas comunicações ópticas de longo curso.

O software Optisystem é utilizado nesta simulação. O resultado é obtido a partir do software optisystem, que inclui todas as leituras e os gráficos da simulação.

5.2 Conceção e simulação do sistema

A conceção do sistema de comunicação por fibra ótica, que mostra a configuração para a dispersão, é feita num software que é o optisystem. O Optisystem é um software que ajuda o utilizador a conceber qualquer comunicação por fibra ótica e a testá-la numa plataforma virtual antes de a executar no hardware. Desta forma, o utilizador poupa tempo e recursos. O software Optisystem fornece a plataforma para o teste virtual de todos os equipamentos utilizados na comunicação por fibra ótica. Ajuda o utilizador a encontrar o resultado de uma ligação de comunicação ótica entre o emissor e o recetor através de vários métodos, também sob diferentes tipos de condições. O utilizador pode também configurar os parâmetros de todos os produtos utilizados na disposição do sistema ótico que estão disponíveis na biblioteca. Isto ajuda o utilizador a simular o sistema em pormenor.

Utilizando o software optisystem, a simulação é efectuada para conhecer os efeitos do amplificador Raman e do amplificador de fibra dopada com érbio nas perdas por dispersão no sistema de comunicação ótica. São efectuadas duas simulações. Uma para o amplificador Raman e a segunda para a fibra dopada com érbio. Ambas as simulações têm componentes diferentes e técnicas de análise diferentes. Os componentes utilizados em ambas as simulações são o laser CW, o gerador de sequências de bits aleatórias Pesudo, o gerador de impulsos RZ, o modulador Mach Zehnder, a fibra ótica, o amplificador Raman, o EDFA, o laser de bombagem e o conjunto de lasers de bombagem. Todos estes componentes são utilizados para simular o projeto. Além disso, são também utilizados alguns visualizadores para ver os resultados obtidos. Os visualizadores utilizados são o visualizador ótico no domínio do tempo, o analisador de espetro ótico e o medidor de potência ótica.

O primeiro gerador de bits pseudo-aleatórios é utilizado para gerar bits aleatórios para a transmissão. Estes bits aleatórios são depois introduzidos em geradores de impulsos RZ que geram impulsos de retorno a zero de acordo com o bit introduzido. Utiliza-se um laser CW (onda contínua) como fonte ótica, uma vez que a informação só se desloca com a ajuda da fonte ótica, neste caso o laser, e o comprimento de onda é fixado em 1550 nm, porque é o comprimento de onda ideal para o melhor caso de transmissão. A potência do laser é de 5dBm. Em seguida, utilizámos o modulador Mach Zehnder que modulou os impulsos provenientes do gerador de impulsos RZ sobre a fonte laser. Depois disto, obtém-se o sinal ótico com a informação e está pronto para a transmissão. O sinal ótico é transmitido através de uma fibra ótica de 50 km de comprimento.

O sistema de amplificação Raman é apresentado a seguir

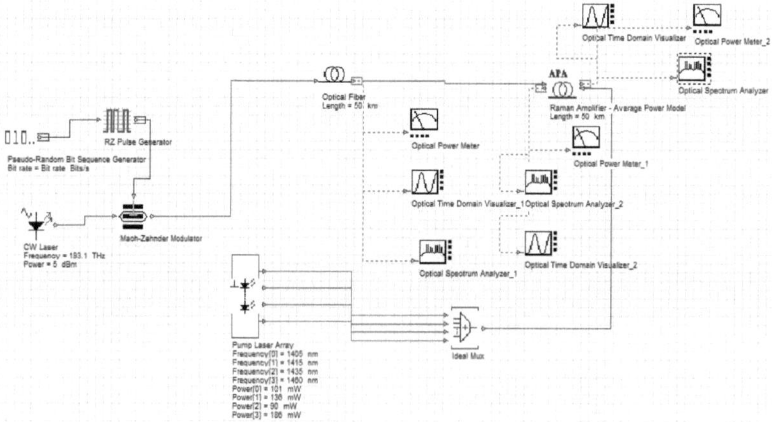

Figura 5.2 Sistema de amplificação Raman

Até à disposição acima mencionada do sistema de comunicação, é a mesma para o amplificador Raman e o EDFA. Mas depois da fibra ótica é diferente. No caso do amplificador Raman, o sinal é enviado para um amplificador Raman de 50 km de comprimento e a atenuação é de 0,2 dB/km. Juntamente com o sinal ótico, é também utilizada uma matriz de laser de bomba para obter o resultado da simulação. O conjunto de lasers de bombeamento tem uma frequência de 1405nm (potência de 101mW), 1415nm (136mW), 1430nm (90mW), 1460nm (186mW), depois estes lasers são multiplexados utilizando um mux ideal 4:1 e enviados para o amplificador Raman. Neste caso, é utilizado o modelo de potência média do amplificador Raman e, para este modelo, é utilizado o conjunto de lasers de bombagem para obter o resultado.

Quadro 5.1 Caraterísticas da fibra **ótica**

Parâmetros	**Valores**
Comprimento de onda de referência	1550nm
Comprimento	100 km
Atenuação	0,2db/km
Dispersão	16,75ps/nm/km
Inclinação da dispersão	0,075ps/nm /km ^{2}

Agora, o visualizador será ligado. Os visualizadores utilizados são o visualizador ótico no domínio do tempo, o analisador de espetro ótico e o medidor de potência ótica. Cada um deles é ligado à extremidade da fibra ótica e à extremidade do amplificador Raman. Cada um deles é comparado e analisado para ver o efeito do amplificador Raman no sistema ótico. Este é o esquema do amplificador Raman, agora vem o EDFA.

A figura abaixo mostra o esquema do sistema de comunicação do amplificador de fibra dopada com érbio.

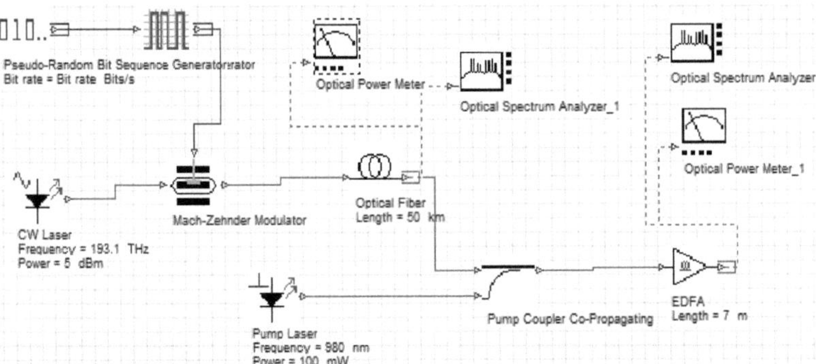

Figura 5.3 Sistema de comunicação com amplificador de fibra dopada com érbio

No amplificador de fibra dopada com érbio (EDFA) é utilizado o laser de bomba com uma frequência de 980 nm e uma potência de 100nW. O laser de bomba e o sinal ótico são ambos enviados para o acoplador de bomba em co-propagação. Este acoplador combinado envia o sinal para o EDFA de 7 m de comprimento, o que completa o sistema de comunicação do EFDA. Os visualizadores utilizados são o analisador de espetro ótico e o medidor de potência ótica. Cada um deles é ligado à extremidade da fibra ótica e à extremidade do EDFA. Cada um deles é comparado e analisado para ver o efeito do amplificador Raman no sistema ótico.

5.3 Resultados e discussão

Após a conclusão do projeto do sistema de comunicação por fibra ótica, é feita a simulação do sistema de comunicação por fibra ótica para analisar o resultado do sistema de comunicação por fibra ótica. Os dados que são transmitidos do emissor para o recetor são estudados pelos vários resultados obtidos no sistema optisystem através da simulação do sistema de comunicação por fibra ótica. Os resultados que podem ser obtidos no software optisystem através da simulação da comunicação por fibra ótica são o espetro ótico, a potência ótica, o diagrama de olho, o analisador BER e muitos outros.

O gráfico do visualizador do domínio do tempo ótico é apresentado abaixo

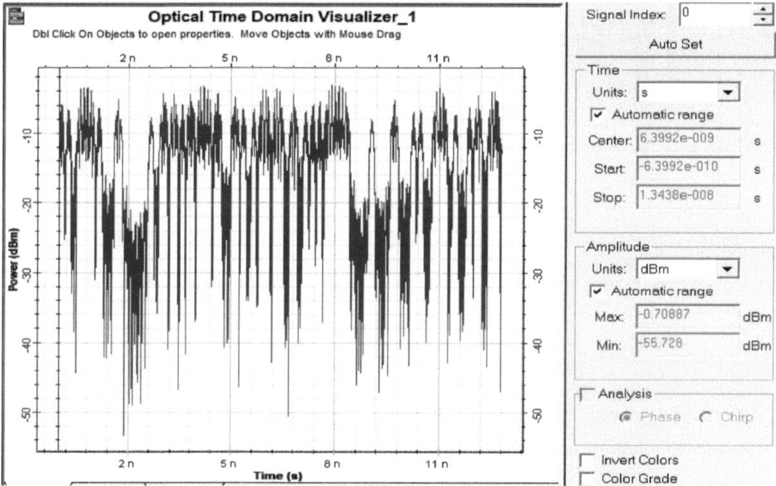

Figura 5.4 Visualizador ótico do domínio do tempo antes do amplificador Raman

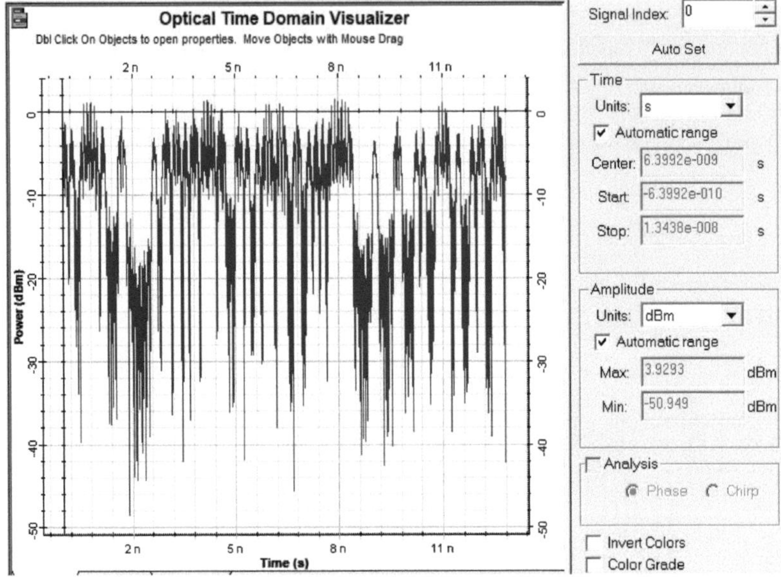

Figura 5.5 Visualizador ótico no domínio do tempo após amplificador Raman

A leitura do medidor de potência ótica é a seguinte

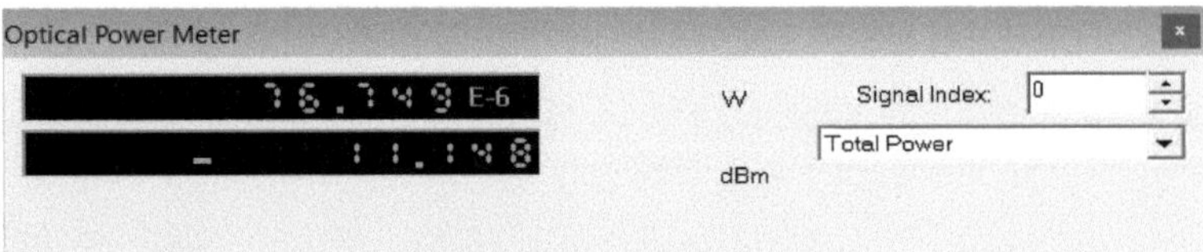

Figura 5.6 Medidor de potência ótica após amplificador Raman

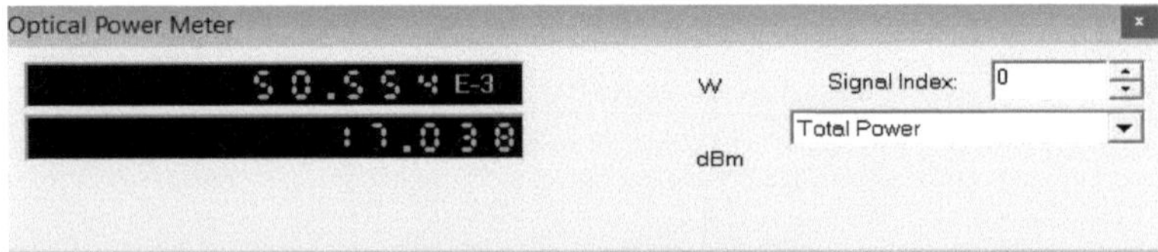

Figura 5.7 Medidor de potência ótica após amplificador Raman

Como se pode ver acima, a amplitude do sinal apresentado no visualizador ótico no domínio do tempo aumentou, antes do amplificador Raman era de -0,70887dBm e depois do amplificador Raman é de 3,9293dBm. A potência do sinal também aumentou, antes do amplificador Raman era de -11,148dBm e depois do amplificador Raman é de 17,038dBm. Depois de analisar o resultado acima, pode dizer-se que o amplificador Raman ajuda definitivamente o sinal a ser mais forte no lado do recetor. O gráfico abaixo mostra a relação entre o comprimento do amplificador Raman e a

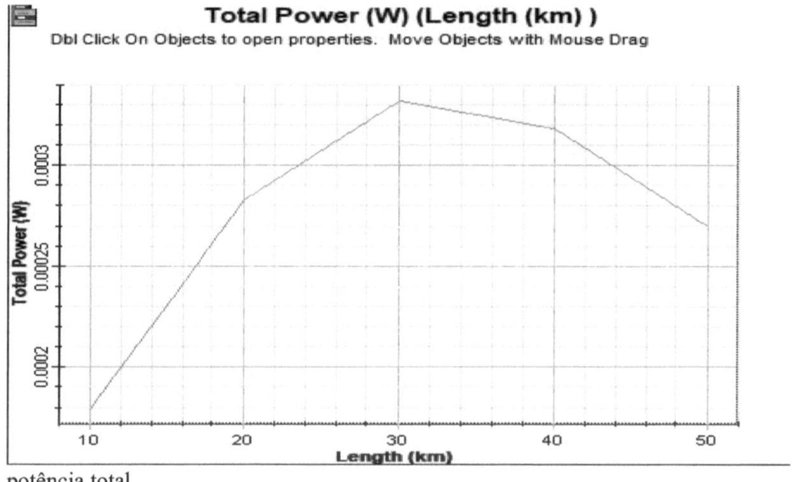

potência total.

Figura 5.8 Potência total (W) versus comprimento (km) do amplificador Raman

Mostra que a potência total do sinal é máxima no comprimento de 30 km.

O gráfico do analisador de espetro ótico é apresentado abaixo

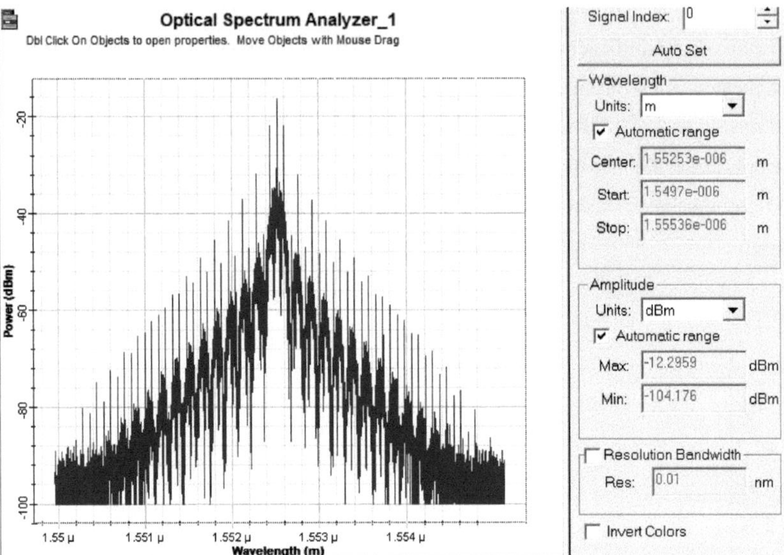

Figura 5.9 Analisador do espetro ótico antes do EDFA

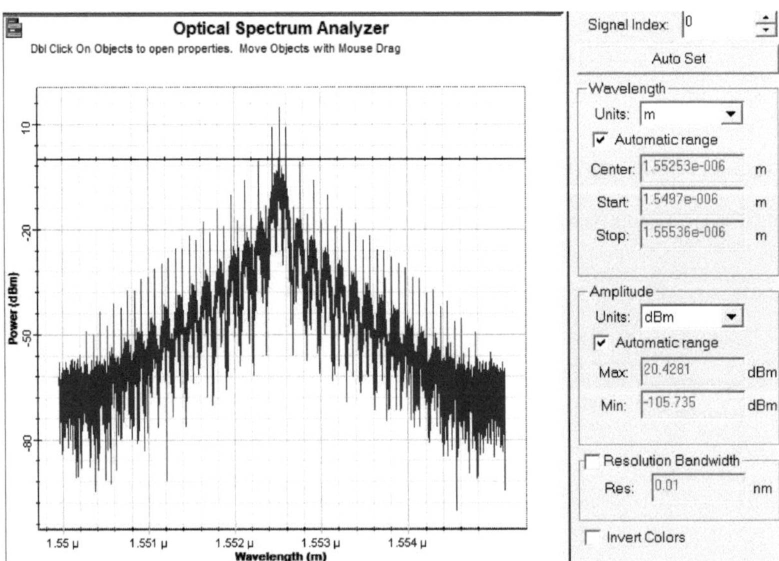

Figura 5.10 Analisador do espetro ótico após EDFA

A leitura do medidor de potência ótica é a seguinte

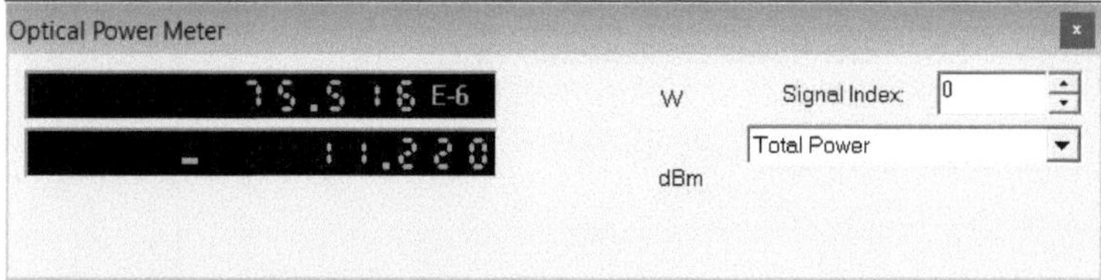

Figura 5.11 Medidor de potência ótica antes do EDFA

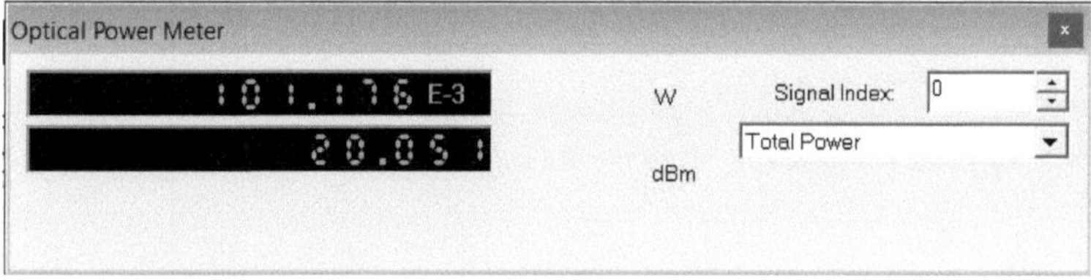

Figura 5.12 Medidor de potência ótica após EDFA

Como se pode ver acima, a amplitude do sinal apresentado no analisador de espetro ótico aumentou, antes do EDFA era de -12,2959dBm e depois do EDFA é de 20,4281dBm. A potência do sinal também aumentou, antes do EDFA era de -11,220dBm e depois do EDFA é de 20,051dBm. Depois de analisar o resultado acima, pode dizer-se que o EDFA ajuda definitivamente o sinal a ser mais forte no lado do recetor.

O gráfico abaixo mostra a relação entre o comprimento do EDFA e a potência total, o que mostra que a potência total do sinal é máxima no comprimento de 4,2 m

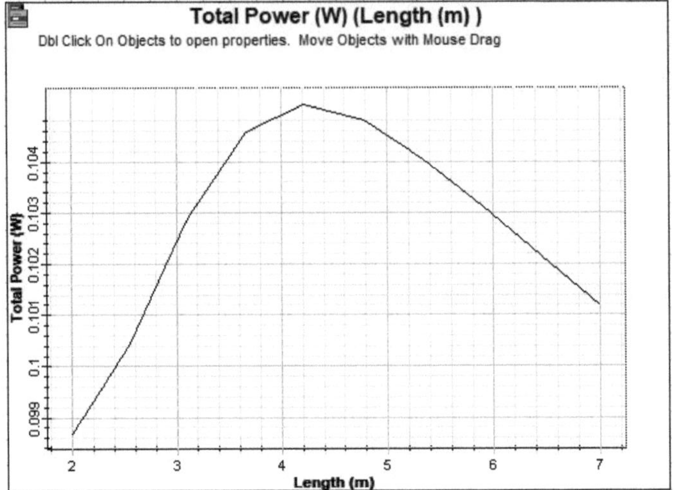

Figura 5.13 Potência total (W) v/s comprimento (m) do EDFA

5.4 Conclusão

Os resultados do sistema de comunicação ótica por dispersão são estudados em pormenor. No amplificador Raman, a amplitude do sinal apresentado no visualizador ótico no domínio do tempo aumenta, antes do amplificador Raman era de -0,70887dBm e depois do amplificador Raman é de 3,9293dBm. A potência do sinal também aumentou, antes do amplificador Raman era de -11,148dBm e depois do amplificador Raman é de 17,038dBm. Depois de analisar o resultado acima, pode dizer-se que o amplificador Raman ajuda definitivamente o sinal a ser mais forte no lado do recetor. O gráfico da potência total versus o comprimento do amplificador Raman mostra que a potência máxima pode ser atingida se o comprimento do amplificador Raman for mantido a 30 km.

Como se pode ver acima, a amplitude do sinal apresentado no analisador de espetro ótico aumentou, antes do EDFA era de -12,2959dBm e depois do EDFA é de 20,4281dBm. A potência do sinal também aumentou, antes do EDFA era de -11,220dBm e depois do EDFA é de 20,051dBm. Depois de analisar o resultado acima, pode dizer-se que o EDFA ajuda definitivamente o sinal a ser mais forte no lado do recetor. O gráfico da potência total versus o comprimento do EDFA mostra que a potência máxima pode ser atingida se o comprimento do EDFA for mantido em 4,2 m

Depois de efetuar esta simulação no software optisystem, pode concluir-se que o amplificador Raman e o amplificador de fibra dopada com érbio podem compensar as perdas por dispersão na fibra ótica. Como se pode ver nos resultados, a potência do sinal aumenta depois de o sinal passar pelo amplificador Raman e pelo amplificador de fibra dopada com érbio. Isto mostra que, utilizando estes amplificadores e técnicas adequadas com parâmetros apropriados, é possível obter o melhor resultado.

Capítulo 6
Dispersão

6.1 Introdução

A dispersão é um problema na comunicação ótica entre o emissor e o recetor enquanto trocam os dados que pretendem. Os dados que são transferidos sob a forma de luz na fibra ótica. São sob a forma de impulsos de luz. Este impulso de luz espalha-se no tempo à medida que o impulso de luz viaja através da fibra ótica.

A dispersão obstrui a comunicação entre o emissor e o recetor. Basicamente, a dispersão é o espalhamento do impulso de luz na fibra ótica. Isto afecta a qualidade do sinal utilizado para a transmissão na fibra ótica. Os dados enviados pelo utilizador ficam danificados. A dispersão é principalmente de três tipos:

- Dispersão de guia de ondas
- Dispersão modal
- Dispersão de materiais

Na dispersão de guia de onda, a luz viaja na fibra com uma velocidade diferente. A dispersão de guia de onda ocorre basicamente na fibra ótica monomodo. Aqui, quando a luz laser entra na fibra ótica, ela percorre toda a fibra ótica. A fibra ótica tem duas partes: núcleo e revestimento [18]. [A luz viaja em ambas com velocidades diferentes, devido aos seus diferentes índices de refração e aos diferentes materiais de que são feitas. Pode dizer-se que a dispersão do guia de ondas ocorre devido à estrutura interna da fibra ótica que é utilizada para a transmissão de dados entre o emissor e o recetor.

Na dispersão modal, a luz laser entra na fibra ótica ao mesmo tempo, mas sai em posições temporais diferentes, o que, consequentemente, causa dispersão na fibra ótica. Esta dispersão modal só pode ser observada na fibra ótica multimodo [19]. [19] O raio de luz que entra diretamente no núcleo da fibra ótica chega à outra extremidade antes dos outros raios, porque passa pela reflexão mínima na fibra ótica. Por outro lado, o raio de luz que entra na fibra ótica num determinado ângulo sofre múltiplas reflexões, chegando assim tarde ao outro extremo onde se encontra o recetor para receber os dados.

Na dispersão de material, a luz que entra na fibra ótica tem um comprimento de onda diferente. Um comprimento de onda diferente significa uma velocidade diferente do raio de luz na fibra ótica. A luz branca que entra no prisma contém todas as cores, mas depois de ser refractada pelo prisma, a velocidade da luz altera-se. [20] A cor vermelha é a que se desvia menos e tem maior velocidade e a cor violeta é a que se desvia mais e tem menor velocidade. Este tipo de fenómeno de dispersão material deve-se às propriedades do material da fibra ótica utilizada na ligação de comunicação entre o emissor e o recetor.

Existem diferentes tipos de técnicas de compensação de dispersão. Dois deles são:

- Fibra de compensação de dispersão (DCF)
- Rede de Bragg em fibra (FBG)

A fibra de compensação da dispersão é um tipo de fibra ótica que tem um coeficiente de dispersão largamente negativo. Ao ter o coeficiente de dispersão negativo, compensará o valor positivo da dispersão da fibra ótica utilizada na ligação de comunicação [21]. [21] O comprimento da fibra de compensação da dispersão depende do coeficiente de dispersão; quanto mais negativo for o valor do coeficiente de dispersão, menor será o comprimento da fibra de compensação da dispersão.

Existem três esquemas para instalar a fibra de compensação de dispersão na ligação de comunicação ótica entre o emissor e o recetor. São os seguintes

- Pré-compensação
- Pagamento de indemnizações
- Compensação simétrica

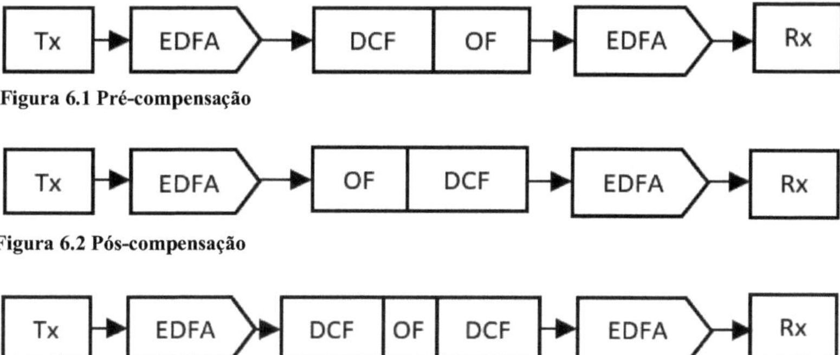

Figura 6.1 Pré-compensação

Figura 6.2 Pós-compensação

Figura 6.3 Compensação simétrica

No diagrama aproximado da rede de comunicações ópticas acima apresentado, são mostrados três esquemas de fibra de compensação da dispersão. Os termos acima referidos são Tx para transmissor, EDFA para amplificador de fibra dopada com érbio, DCF para fibra de compensação da dispersão, OF para fibra ótica, Rx para recetor.

6.2 Conceção e simulação do sistema

A conceção do sistema de comunicação por fibra ótica que mostra a configuração da dispersão é feita num software que é o optisystem. O Optisystem é um software que ajuda o utilizador a conceber qualquer comunicação por fibra ótica e a testá-la numa plataforma virtual antes de a executar no hardware. Desta forma, o utilizador poupa tempo e recursos. O software Optisystem fornece a plataforma para o teste virtual de todos os equipamentos utilizados na comunicação por fibra ótica. Ajuda o utilizador a encontrar o resultado de uma ligação de comunicação ótica entre o emissor e o recetor através de vários métodos, também sob diferentes tipos de condições. O utilizador pode também configurar os parâmetros de todos os produtos utilizados na disposição do sistema ótico que estão disponíveis na biblioteca. Isto ajuda o utilizador a simular o sistema em pormenor.

O sistema de comunicação normal é apresentado a seguir

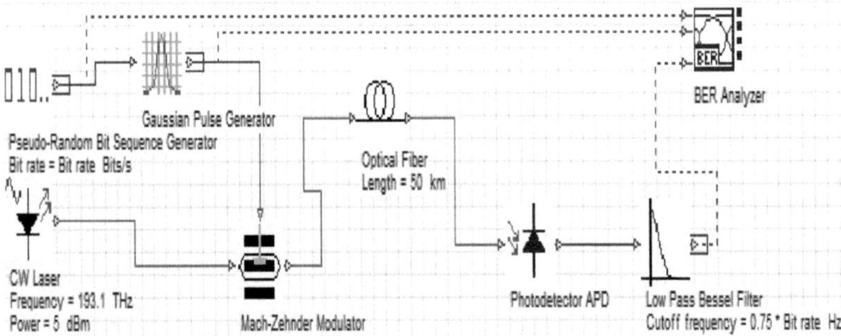

Figura 6.4 Sistema de comunicação simples

No software Optisystem é efectuada a análise da dispersão na comunicação por fibra ótica. Utilizando a fibra de compensação de dispersão (DCF) no sistema de comunicação ótica, analisa-se o efeito na dispersão. Neste caso, são efectuadas duas simulações, uma para a fibra de compensação da dispersão (DCF) e outra para o sistema de comunicação normal, para comparação dos resultados. Os resultados da simulação são analisados. Os componentes utilizados em ambas as simulações são o laser CW, o gerador de sequências de bits aleatórias Pesudo, o gerador de impulsos Gaussianos, o modulador Mach Zehnder, a fibra ótica, o fotodetector APD, o filtro de Bessel passa-baixo e o analisador BER. Juntamente com os componentes mencionados, é também utilizada a fibra de compensação de dispersão (DCF). Todos estes componentes são utilizados para simular o projeto.

O sistema de comunicação DCF é apresentado a seguir

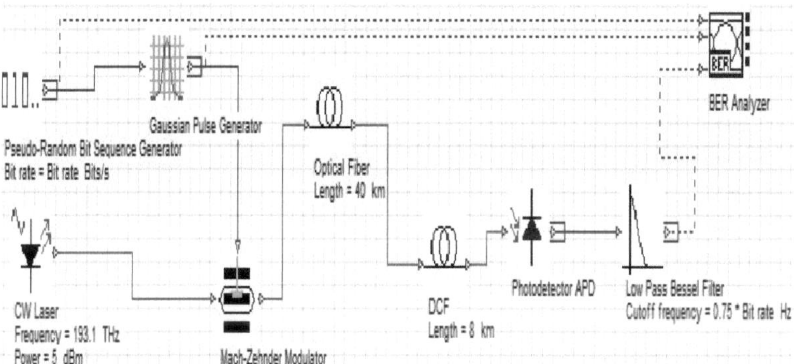

Figura 6.5 Sistema de comunicação DCF

O primeiro gerador de bits pseudo-aleatórios é utilizado para gerar bits aleatórios para a transmissão. Estes bits aleatórios são depois introduzidos em geradores de impulsos gaussianos que geram impulsos de acordo com os bits introduzidos. Utiliza-se um laser CW (onda contínua) como fonte ótica, porque a informação só se desloca com a ajuda da fonte ótica, neste caso o laser, e o comprimento de onda é fixado em 1550 nm, porque é o comprimento de onda ótimo para o melhor caso de transmissão. A potência ótica do laser é de 5dBm. Em seguida, utilizámos o modulador Mach Zehnder, que modulou os impulsos provenientes do gerador de impulsos gaussianos sobre a fonte laser. Depois disto, obtém-se o sinal ótico com a informação e está pronto para a transmissão. O sinal ótico é transmitido através de uma fibra ótica de 40 km de comprimento para a DCF. As caraterísticas da fibra ótica são apresentadas no quadro seguinte

Quadro 6.1 Caraterísticas da fibra **ótica**

Parâmetros	Valores
Comprimento de onda de referência	1550nm
Comprimento	100 km

Atenuação	0,2db/km
Dispersão	16,75ps/nm/km
Inclinação da dispersão	0,075ps/nm /km ^{2}

Para a DCF, o sinal da fibra ótica é enviado para a DCF. As DCF têm um fator de dispersão de -85 ps/nm/km, uma inclinação de dispersão de -0,3ps/nm^2 /km e um comprimento de 8 km. Caraterísticas da fibra de compensação da dispersão

Tabela 6.2 Caraterísticas da fibra de compensação de dispersão

Parâmetros	**Valores**
Comprimento de onda de referência	1550 nm
Comprimento	6 km
Atenuação	0,5 db/km
Dispersão	-85 ps/nm/km
Inclinação da dispersão	-0,3 ps/nm /km ^{2}

Depois disto, o circuito é o mesmo para ambos. Em seguida, é enviado para o fotodetector APD. O sinal no fotodetector é convertido da forma ótica para a forma eléctrica. Este sinal elétrico é agora enviado para o filtro passa-baixo de Bessel, que tem uma frequência de corte de 0,75 * taxa de bits Hz. A caraterística do filtro de Bessel passa-baixo é mostrada a seguir. O filtro permite apenas o sinal baixo pretendido, que é maioritariamente isento de ruído. Por fim, o analisador BER é ligado ao sistema para observar o resultado. A terceira simulação não tem qualquer componente entre a fibra ótica e o fotodetector APD. A caraterística do fotodetector APD é mostrada abaixo. Esta simulação é efectuada apenas para comparar o resultado do DCF

Quadro 6.3 Caraterísticas do fotodetector APD

Parâmetros	**Valores**
Ganho	3
Responsividade	1 A/W
Rácio de ionização	0.9
Corrente escura	10 nA

Tabela 6.4 Caraterísticas do filtro de bessel passa-baixo

Parâmetros	**Valores**
Frequência de corte	0,75 * (Taxa de bits) Hz
Perda de inserção	0 dB
Profundidade	100 dB
Encomendar	4

Cada uma delas é comparada e analisada para ver o efeito da dispersão no sistema ótico. Agora, as simulações são calculadas e os resultados e gráficos obtidos são observados e analisados.

6.3 Resultados e discussão

Após a conclusão do projeto do sistema de comunicação por fibra ótica, é feita a simulação do sistema de comunicação por fibra ótica para analisar o resultado do sistema de comunicação por fibra ótica. Os dados transmitidos do emissor para o recetor são estudados pelos vários resultados obtidos no sistema optisystem através da simulação do sistema de comunicação por fibra ótica. Os resultados que podem ser obtidos no software optisystem através da simulação da comunicação por fibra ótica são o espetro ótico, a potência ótica, o diagrama de olho, o analisador BER e muitos outros.

Os resultados do sistema acima apresentado são os seguintes, a análise do espetro ótico e o diagrama BER com outros dados. Segue-se o diagrama de olho da comunicação por fibra ótica sem fibra.

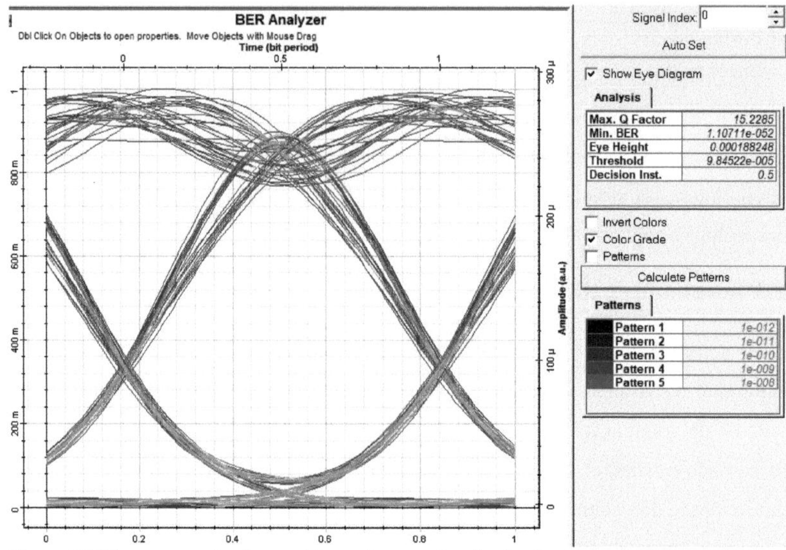

Figura 6.6 Diagrama ocular de um sistema de comunicação simples

No diagrama de olho mostrado acima, o fator Q máximo é 15,2285. O BER mínimo é $1{,}10711*10^{-52}$. Estes valores são obtidos quando não é adicionado nada ao sistema para compensar a dispersão.

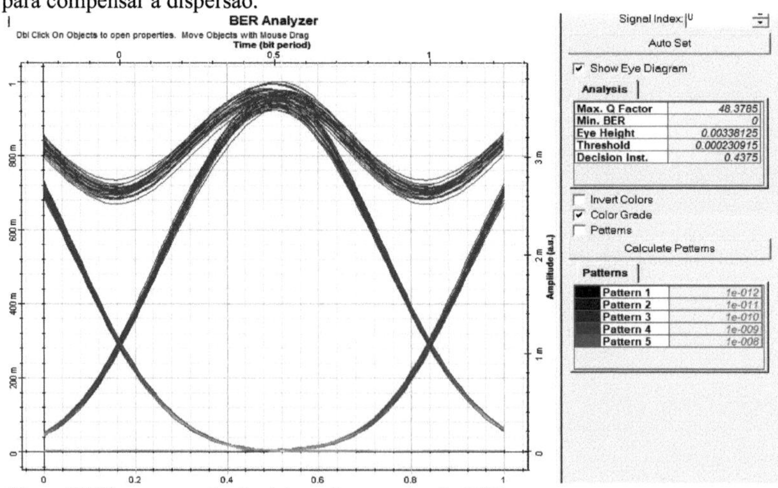

Figura 6.7 Diagrama ocular do sistema de comunicação DCF

O gráfico entre o fator Q máximo e o comprimento do DCF

Figura 5.8 Fator Q máx. Fator Q v/s comprimento (km) [DCF]

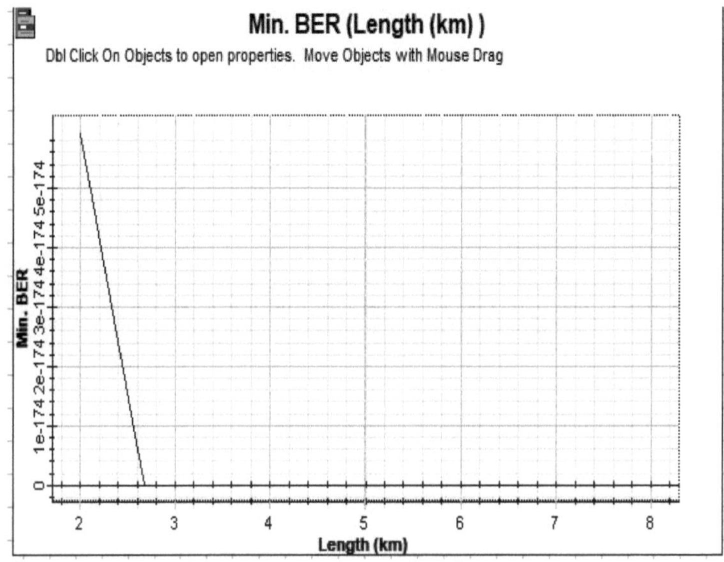

Gráfico entre a BER mínima e o comprimento do DCF

Figura 5.9 BER mínima v/s comprimento (km) [DCF]

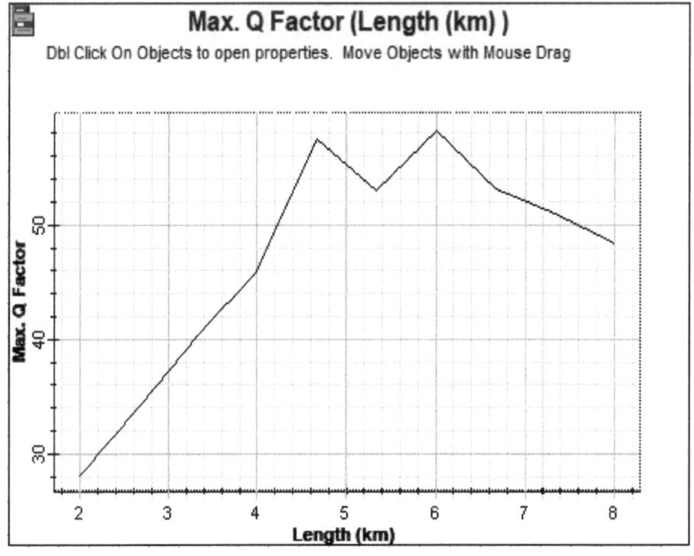

No diagrama de olho acima apresentado, o fator Q máximo é 48,3785 para o comprimento de 6 km. Mesmo o gráfico do fator Q máximo mostra os mesmos dados. O BER mínimo é 0, como mostra o diagrama de olho e o gráfico de BER mínimo. O fator Q é muito superior ao de um **sistema** de comunicação normal

5.4 Conclusão

Após a realização desta simulação no software optisystem, é possível observar os efeitos da dispersão na ligação do sistema de comunicação por fibra ótica entre o emissor e o recetor durante a troca dos dados pretendidos. Pode concluir-se que o DCF compensa as perdas por dispersão na fibra ótica, proporcionando uma melhor qualidade de sinal do que o sistema de comunicação normal.

O fator Q máximo da comunicação simples sem qualquer técnica para resolver o problema da dispersão é de 15,2285. O fator Q máximo do sistema de comunicação com fibra de compensação da dispersão é 48,3785. O fator Q do sistema DCF é 33,15 superior ao do sistema de comunicação normal. O BER mínimo da comunicação simples sem qualquer técnica para resolver o problema da dispersão é de $1{,}10711*10^{-52}$.

O BER mínimo do sistema de comunicação com fibra de compensação da dispersão é 0, o que é ótimo. Porque quanto maior for o fator Q, melhor será o sistema e quanto menor for a BER, melhor será o sistema. Quando se traça o gráfico entre o comprimento da DCF e o fator Q máximo, observa-se que o fator Q máximo se situa a 6 km. Isto mostra que o sistema de comunicação por fibra ótica apresentará um melhor desempenho do fator Q máximo na compressão da dispersão a 6 km de comprimento da FCD. Quando se traça o gráfico entre o comprimento do DCF e o BER mínimo, observa-se que o BER mínimo se situa acima de 2,7 km de comprimento. Isto mostra que o sistema de comunicação por fibra ótica apresentará um melhor desempenho do BER mínimo ao comprimir a dispersão acima de 2,7 km de comprimento da FCD. Assim, observando ambos os gráficos, o comprimento de 6 km da DCF é bom tanto para o fator Q máximo como para o BER mínimo.

Capítulo 6
Resumo do trabalho de dissertação

Nesta dissertação é estudado o modo como a taxa de dados de alta velocidade afecta as não-linearidades e a dispersão da fibra ótica. Para a conceção do sistema de comunicação por fibra ótica, é utilizado o sistema Optisystem para testar as não-linearidades da fibra. O Optisystem é um software que ajuda o utilizador a conceber qualquer comunicação por fibra ótica e a testá-la numa plataforma virtual antes de a executar no hardware. Desta forma, o utilizador poupa tempo e recursos. O software Optisystem fornece a plataforma para o teste virtual de todos os equipamentos utilizados na comunicação por fibra ótica. Ajuda o utilizador a encontrar o resultado de uma ligação de comunicação ótica entre o emissor e o recetor através de vários métodos, também sob diferentes tipos de condições. O utilizador pode também configurar os parâmetros de todos os produtos utilizados na disposição do sistema ótico que estão disponíveis na biblioteca. Isto ajuda o utilizador a simular o sistema em pormenor.

Existem diferentes tipos de não-linearidades nas comunicações ópticas. São elas a auto-modulação de fase (SPM), a modulação de fase cruzada (XPM), a mistura de quatro ondas (FWM), etc. Foi também proposto um sistema para reduzir o efeito da mistura de quatro ondas. Trata-se de uma conceção melhorada do sistema de mistura de quatro ondas. Todas estas não-linearidades são estudadas e o seu impacto é testado em sinais ópticos de alta velocidade de transmissão de dados. A dispersão afecta os dados da comunicação ótica. A técnica é utilizada para reduzir o efeito de dispersão. A fibra de compensação da dispersão (DCF) é utilizada no sistema de comunicação ótica.

Um sistema de comunicação é implementado no Optisystem e é simulado para estudar o impacto. Os gráficos são obtidos a partir de diferentes visualizadores. Os dados são estudados e o resultado mostra como é que as não-linearidades e a dispersão perturbam uma comunicação ótica entre o emissor e o recetor. Tudo isto é feito para analisar o desempenho do sistema, de modo a poder fornecer mais aspectos de investigação. Os resultados dão uma ideia para tornar mais forte a rede de comunicação ótica existente.

Os resultados do sistema de comunicação ótica com modulação de fase própria são estudados em pormenor. O analisador de espetro ótico mostra o efeito da modulação de auto-fase. Havia apenas uma frequência em 193,165THz; mas há novas frequências que se elevam devido à SPM, uma em 193,155THz e a segunda em 193,175THz. A frequência original em 193.165THz é suprimida pelas outras duas novas frequências. Estas frequências são indesejadas devido ao SPM e corrompem os dados originais do utilizador. O analisador BER também mostra os efeitos da SPM. Devido ao efeito da SPM, o fator Q máximo é de 2,53769, o que é muito baixo, e o BER mínimo é de 0,00555329. Ambos os valores não prometem uma boa ligação do sistema de comunicação por fibra ótica entre o emissor e o recetor.

Os resultados do sistema de comunicação ótica para a modulação de fase cruzada são estudados em pormenor. O analisador de espetro ótico mostra o efeito da modulação de fase cruzada. Havia apenas duas frequências a 193,1THz e outra a 193,3THz; mas há novas frequências que surgem devido à XPM, uma a 192,9THz e outra a 193,5THz. Estas frequências são indesejadas devido ao XPM e corrompem os dados originais do utilizador. O analisador BER também mostra os efeitos do XPM. Ambos os analisadores BER dos receptores apresentam valores diferentes, mas aproximadamente iguais. Devido ao efeito do XPM, o fator Q máximo de um é 4,59291 e o fator Q máximo do outro recetor é 4,70345.

O BER mínimo do primeiro recetor é 2,17233e-006 e o BER mínimo do segundo recetor é 1,2789e-005. Ambos os valores não prometem uma boa ligação do sistema de comunicação por fibra ótica entre o emissor e o recetor. As outras frequências, que são indesejadas e constituem ruído para o sistema e danificam os dados do utilizador, aumentam devido ao efeito da modulação de fase cruzada, um efeito não linear na ligação do sistema de comunicação ótica entre o emissor e o recetor enquanto trocam informações úteis.

Os resultados do sistema de comunicação ótica para a mistura de quatro ondas são estudados em pormenor. O analisador de espetro ótico mostra o efeito da mistura de quatro ondas. Havia apenas três frequências em 193.1THz, 193.2THz ,193.3THz; mas há novas frequências que se elevam devido ao XPM em 192.9THz, 193THz, 193.4THz, 193.5THz. Estas frequências não são desejadas devido à FWM e corrompem os dados originais do utilizador.

O analisador BER também mostra os efeitos da FWM. Ambos os analisadores BER dos receptores apresentam valores diferentes, mas aproximadamente iguais. Devido ao efeito da FWM, o fator Q máximo de um dos três utilizadores é 3,41302 e o BER mínimo é 0,000303696. Ambos os valores não prometem uma boa ligação do sistema de comunicação por fibra ótica entre o emissor e o recetor. Mesmo o olho tem demasiado ruído, o que o torna pouco nítido e desfocado. As outras frequências, que são indesejadas e constituem ruído para o sistema e danificam os dados do utilizador, aumentam devido ao efeito da mistura de quatro ondas, um efeito não linear na ligação do sistema de comunicação ótica entre o emissor e o recetor enquanto trocam informações úteis.

No sistema de comunicação ótica FWM melhorado, o efeito do FWM não é muito visível. O fator Q máximo do novo sistema de comunicação ótica FWM melhorado é 7,03126 e o BER mínimo é 9,94923e-013. O fator Q do novo sistema de comunicação ótica FWM melhorado é muito elevado quando comparado com o antigo sistema de comunicação ótica FWM. E o BER é muito inferior, o que é um bom sinal para o desempenho do sistema de comunicação ótica. Mesmo o diagrama de olho do novo sistema de comunicação ótica FWM melhorado é muito claro quando comparado com o antigo sistema de comunicação ótica FWM.

Após a realização desta simulação no software optisystem, é possível observar os efeitos da dispersão na ligação do sistema de comunicação por fibra ótica entre o emissor e o recetor durante a troca dos dados pretendidos. Pode concluir-se que o DCF compensa as perdas por dispersão na fibra ótica, proporcionando uma melhor qualidade de sinal do que o sistema de comunicação normal. O fator Q máximo da comunicação simples sem qualquer técnica para resolver o problema da dispersão é 15,2285. O fator Q máximo do sistema de comunicação com fibra de compensação da dispersão é 48,3785. O fator Q do sistema DCF é 33,15 superior ao do sistema de comunicação normal.

O BER mínimo da comunicação simples sem qualquer técnica para resolver o problema da dispersão é $1{,}10711 * 10^{-52}$. O BER mínimo do sistema de comunicação com fibra de compensação da dispersão é 0, que é o melhor. Porque quanto maior for o fator Q, melhor será o sistema e quanto menor for o BER, melhor será o sistema. Quando se traça o gráfico entre o comprimento da DCF e o fator Q máximo, observa-se que o fator Q máximo se situa a 6 km. Isto mostra que o sistema de comunicação por fibra ótica apresentará um melhor desempenho do fator Q máximo na compressão da dispersão a 6 km de comprimento da FCD. Quando se traça o gráfico entre o comprimento do DCF e o BER mínimo, observa-se que o BER mínimo se situa acima de 2,7 km de comprimento. Isto mostra que o sistema de comunicação por fibra ótica apresentará um melhor desempenho do BER mínimo ao comprimir a dispersão acima de 2,7 km de comprimento da FCD. Assim, observando ambos os gráficos, o comprimento de 6 km da DCF é bom tanto para o fator Q máximo como para o BER mínimo.

Os resultados do sistema de comunicação ótica por dispersão são estudados em pormenor. No amplificador Raman, a amplitude do sinal apresentado no visualizador ótico no domínio do tempo aumenta, antes do amplificador Raman era de -0,70887dBm e depois do amplificador Raman é de 3,9293dBm. A potência do sinal também aumentou, antes do amplificador Raman era de -11,148dBm e depois do amplificador Raman é de 17,038dBm. Depois de analisar o resultado acima, pode dizer-se que o amplificador Raman ajuda definitivamente o sinal a ser mais forte no lado do recetor. O gráfico da potência total em relação ao comprimento do amplificador Raman mostra que a potência máxima pode ser atingida se o comprimento do amplificador Raman for mantido a 30 km.

Como se pode ver acima, a amplitude do sinal apresentado no analisador de espetro ótico aumentou, antes do EDFA era de -12,2959dBm e depois do EDFA é de 20,4281dBm. A potência do sinal também aumentou, antes do EDFA era de -11,220dBm e depois do EDFA é de 20,051dBm. Depois de analisar o resultado acima, pode dizer-se que o EDFA ajuda definitivamente o sinal a ser mais forte no lado do recetor. O gráfico da potência total versus o comprimento do EDFA mostra que a potência máxima pode ser atingida se o comprimento do EDFA for mantido em 4,2 m

Depois de efetuar esta simulação no software optisystem, pode concluir-se que o amplificador Raman e o amplificador de fibra dopada com érbio podem compensar as perdas por dispersão na fibra ótica. Como se pode ver nos resultados, a potência do sinal aumenta depois de o sinal passar pelo amplificador Raman e pelo amplificador de fibra dopada com érbio. Isto mostra que, utilizando estes amplificadores e técnicas adequadas com parâmetros apropriados, é possível obter o melhor resultado.

Referências

[1] I. Rasheed, M. Abdullah, S. Mehmood e M. Chaudhary, "Analysing the non-linear effects at various power levels and channel counts on the performance of DWDM based optical fiber communication system," 2012 International Conference on Emerging Technologies, 2012, pp. 1-5, doi: 10.1109/ICET.2012.6375446

[2] Shraddha, N.B., Vikas, U., & Shantanu, S. (2016). Análise de SPM, XPM e FWM em comunicação de fibra ótica usando OptiSystem. Revista Internacional de Ciência, Tecnologia e Engenharia, 2, 136-142.

[3] R. Verma, P. Garg, "Análise comparativa da modulação de fase própria (SPM) e da modulação de fase cruzada (CPM)" International Journal of Advanced Research in Computer Science and Electronics Engineering Volume 1, Issue 3, May 2012

[4] Koshy, Marvin Suraj e P. Pratheesh. "Análise de SPM e FWM em sistema de comunicação por fibra ótica usando Optisystem." Revista internacional de pesquisa e tecnologia de engenharia 3 (2014)

[5] S. N. Bhusari, V. U. Deshmukh e S. S. Jagdale, "Analysis of Self-Phase Modulation and Four-Wave Mixing in fiber optic communication," 2016 International Conference on Automatic Control and Dynamic Optimization Techniques (ICACDOT), 2016, pp. 798-803, doi: 10.1109/ICACDOT.2016.7877697.

[6] S. Sugumaran, L. Sharma e S. Choudhary, "Parâmetros FWM otimizados para FTTH usando rede DWDM", Conferência Internacional de 2019 sobre Inteligência Computacional e Economia do Conhecimento (ICCIKE), Dubai, Emirados Árabes Unidos, 2019, pp. 317-322, doi: 10.1109/ICCIKE47802.2019.9004281.

[7] N. Mubarakah, D. D. Fadhilah e Suherman, "Point to Point Communication Link Design by Using Optical DWDM Network," 2020 4rd International Conference on Electrical, Telecommunication and Computer Engineering (ELTICOM), Medan, Indonesia, 2020, pp. 265-268, doi: 10.1109/ELTICOM50775.2020.9230479.

[8] T. Huszaník, J. Turán e L. Ovseník, "On Mitigation of Four-Wave Mixing in High Capacity Ultra-DWDM System," 2019 20th International

Carpathian Control Conference (ICCC), 2019, pp. 1-4, doi: 10.1109/CarpathianCC.2019.8766021.

[9] W. W. M. M. Han, Y. Win, N. W. Zaw e M. M. Htwe, "Minimização do efeito de mistura de quatro ondas no sistema de comunicação de fibra ótica DWDM de longo curso", Conferência Internacional de 2019 sobre Tecnologias de Informação Avançadas (ICAIT), 2019, pp. 19-24, doi: 10.1109/AITC.2019.8920922.

[10] N. K. Sabat, B. S. Rao e B. Patnaik, "Redução do efeito fwm no sistema de comunicação de fibra ótica usando dpddmz e polarização circular", 2017 Conferência Internacional sobre Avanços em Computação, Comunicações e Informática (ICACCI), 2017, pp. 1946-1950, doi: 10.1109/ICACCI.2017.8126130.

[11] B. Patnaik e P. K. Sahu, "Otimização do efeito de mistura de quatro ondas em rádio sobre fibra para um sistema DWDM de 32 canais e 40 GBPS," 2010 International Symposium on Electronic System Design, 2010, pp. 119-124, doi: 10.1109/ISED.2010.31.

[12] W. R. White, P. Wiltzius e A. Dueser, "Scattering loss in plastic optical fiber," 1998 IEEE/LEOS Summer Topical Meeting. Digest. Broadband Optical Networks and Technologies: An Emerging Reality (Uma realidade emergente). MEMS ópticos. Pixéis inteligentes. Organic Optics and Optoelectronics (Cat. No.98TH8369), Monterey, CA, EUA, 1998, pp. III/17-III/18, doi: 10.1109/LEOSST.1998.690048.

[13] S. A. E. Lewis, F. Koch, S. V. Chernikov e J. R. Taylor, "Low-noise high gain dispersion compensating broadband Raman amplifier", Optical Fiber Communication Conference. Technical Digest Postconference Edition. Trends in Optics and Photonics Vol.37 (IEEE Cat. No. 00CH37079), Baltimore, MD, EUA, 2000, pp. 5-7 vol.1, doi: 10.1109/OFC.2000.868355.

[14] X. Y. Zou, S. -. Hwang e A. E. Willner, "Compensation of Raman scattering and EDFA's nonuniform gain in ultra-long-distance WDM links," in IEEE Photonics Technology Letters, vol. 8, no. 1, pp. 139-141, Jan. 1996, doi: 10.1109/68.475805.

[15] M. M. J. Martini, C. E. S. Castellani, M. J. Pontes, M. R. N. Ribeiro e H. J. Kalinowski, "Performance comparison for Raman+EDFA and EDFA+Raman hybrid amplifiers using recycled multiple pump lasers for WDM systems," 2015 SBMO/IEEE MTT-S International Microwave and Optoelectronics Conference (IMOC), Porto de Galinhas, 2015, pp. 1-5, doi: 10.1109/IMOC.2015.7369103.

[16] B. Min, W. J. Lee, N. Park, "Efficient Formulation of Raman Amplifier Propagation Equations with Average Power Analysis", IEEE Photonics Technology Letters, Vol. 12, No. 11, novembro de 2000.

[17] M. Tachibana, et al., "Erbium-Doped Fiber Amplifier with Flattened Gain Spectrum", IEEE Photon. Tech. Lett. 3, 118 (1991).

[18] N. Mahawar e A. Khunteta, "Projeto e análise de desempenho do sistema de comunicação ótica WDM com EDFA-DCF e FBG para compensação de dispersão usando taxa de dados de 8x58\mathrm{x}5 Gbps", Conferência Internacional de 2019 sobre Sistemas de Comunicação e Eletrônica (ICCES), 2019, pp. 431-435, doi: 10.1109/ICCES45898.2019.9002236.

[19] S. Shen e A. M. Weiner, "Complete dispersion compensation for 400-fs pulse transmission over 10-km fiber link using dispersion compensating fiber and spectral phase equalizer," in IEEE Photonics Technology Letters, vol. 11, no. 7, pp. 827-829, julho de 1999, doi: 10.1109/68.769721

[20] S. H. Lawan e M. Ajiya, "Dispersion management in a single-mode optical fiber communication system using dispersion compensating fiber," 2013 IEEE International Conference on Emerging & Sustainable Technologies for Power & ICT in a Developing Society (NIGERCON), Owerri, 2013, pp. 93-95, doi: 10.1109/NIGERCON.2013.6715642.

[21] M. Wandel, P. Kristensen, T. Veng, Y. Qian, Q. Le e L. Gruner-Nielsen, "Dispersion compensating fibers for non-zero dispersion fibers", Optical Fiber Communication Conference and Exhibit, Anaheim, CA, 2002, pp. 327-329, doi: 10.1109/OFC.2002.1036395.

MIX
Papier aus verantwortungsvollen Quellen
Paper from responsible sources
FSC® C105338

Printed by Books on Demand GmbH, Norderstedt / Germany